行水云课数字教材

特色高水平骨干专业建设
水利水电工程施工专业新形态一体化教材

水 力 学

主　编　柳素霞　郭振苗
主　审　汪玉龙

中国水利水电出版社
www.waterpub.com.cn
·北京·

内 容 提 要

本教材共 8 章，包括水力学概述、静水压强及静水总压力、水流运动的基本规律、水流形态和水头损失、管流、明渠、渗流基础和水力量测技术。

本教材是新形态一体化教材，分为纸质版教材和数字资源包两部分，本着实用、够用的原则，具有资源丰富、通俗易懂、理实一体等特点，是一本系统学习水力学的理想教材，既可作为高职高专水利类专业及相关涉水专业的教材，也可供水利技术人员学习参考。

图书在版编目（CIP）数据

水力学 / 柳素霞，郭振苗主编. -- 北京 ：中国水利水电出版社，2021.1（2022.8重印）
　特色高水平骨干专业建设水利水电工程施工专业新形态一体化教材
　ISBN 978-7-5170-9419-7

Ⅰ．①水… Ⅱ．①柳… ②郭… Ⅲ．①水力学－高等职业教育－教材 Ⅳ．①TV13

中国版本图书馆CIP数据核字(2021)第029409号

书　　名	特色高水平骨干专业建设水利水电工程施工专业 新形态一体化教材 **水力学** SHUILIXUE
作　　者	主编　柳素霞　郭振苗　主审　汪玉龙
出版发行	中国水利水电出版社 （北京市海淀区玉渊潭南路 1 号 D 座　100038） 网址：www.waterpub.com.cn E-mail：sales@mwr.gov.cn 电话：(010) 68545888（营销中心）
经　　售	北京科水图书销售有限公司 电话：(010) 68545874、63202643 全国各地新华书店和相关出版物销售网点
排　　版	中国水利水电出版社微机排版中心
印　　刷	清淞永业（天津）印刷有限公司
规　　格	184mm×260mm　16 开本　11 印张　268 千字
版　　次	2021 年 1 月第 1 版　2022 年 8 月第 2 次印刷
印　　数	2501—5000 册
定　　价	**42.00 元**

本书编委会

主　编　柳素霞　郭振苗

参　编　张亚荣　刘晓晴

主　审　汪玉龙

前言

本书依据"水利水电工程技术专业"培养目标及《水力学》课程标准编写，本着实用、够用、通俗易懂、理实一体、资源丰富的原则，发挥信息技术优势，是集多种类型的数字资源为一体的实用型教材和参考书，既可作为高职高专水利类专业及相关涉水专业的教材，也可作为水利技术人员的学习参考。

全书涉及的基本概念、基本公式较多，有众多的经验公式和系数，使用时要注意其应用条件和使用范围。本书旨在培养和提高实际工程中水力现象及水力问题的分析能力。

本书作为新形态一体化教材，包括纸质版教材和数字资源包两部分。纸质版教材在内容的编排上，分为上篇和下篇。上篇为理论篇，在分析水流运动规律时，以实验为主线，将理论公式的含义、特点、使用条件和应用方法有机地连成一体，注意实验在学习中所起的作用。下篇为工程应用篇，以实用、够用为原则，略去水力公式的推导，以工程中所涉及的与水力相关的案例为载体，进行水力分析，突出水力学在水利施工、运行管理中水力应用所起的作用。本书的数字资源包，作为辅助教学和参考。

纸质版教材作为水力学新形态一体化教材的一个组成部分，全书分为八章：水力学概述、静水压强及静水总压力、水流运动的基本规律、水流形态和水头损失、管流、明渠、渗流基础、水力量测技术。参加编写的有北京水利水电学校柳素霞（第1章、第2章、第4章）、郭振苗（第3章、第6章）、张亚荣（第5章）、汪玉龙（第7章、第8章）。阅读材料部分由柳素霞、张亚荣完成，活动与探究部分由柳素霞、郭振苗完成。全书由柳素霞统稿，汪玉龙主审。

资源包的内容有教学课件、测试题库、实验录像、教材视频等教学资料，纸质版教材中无法呈现的动态资源利用教材视频进行展示，更生动、形象。利用数字化试题的测试功能，让学生直接进行学习效果的测试。教学课件和实验录像，辅助教师教学与组织学生的学习活动，达到优化教学的效果。同时，资源包利用网络平台资源的共享、共建功能，可以在教学过程中不断更新，补充"三新"内容。资源包部分的测试题库、实验录像由柳素霞、郭振苗、刘晓晴负责完成，教材视频由柳素霞负责完成，课件由柳素霞、郭振苗负责完成。

本书在编写过程中得到了学校李良会、赵绍华、张露凝、高亚丹等相关老师的帮助，同时也得到北京市水文总站龚义新、于海注等水务系统工作者的大力支持，在此表示感谢。

由于编者水平有限，加之时间仓促，书中难免存在不足之处，敬请读者批评指正。

编者

2020 年 10 月

"行水云课"数字教材使用说明

　　"行水云课"水利职业教育服务平台是中国水利水电出版社立足水电、整合行业优质资源全力打造的"内容"＋"平台"的一体化数字教学产品。平台包含高等教育、职业教育、职工教育、专题培训、行水讲堂五大版块，旨在提供一套与传统教学紧密衔接、可扩展、智能化的学习教育解决方案。

　　本套教材是整合传统纸质教材内容和富媒体数字资源的新型教材，将大量图片、音频、视频、3D 动画等教学素材与纸质教材内容相结合，用以辅助教学。读者登录"行水云课"平台，进入教材页面后输入激活码激活，即可获得该数字教材的使用权限。可通过扫描纸质教材二维码查看与纸质内容相对应的知识点多媒体资源，完整数字教材及其配套数字资源可通过移动终端 APP、"行水云课"微信公众号或中国水利水电出版社"行水云课"平台查看。

　　内页二维码具体标识如下：

- Ⓟ为 PPT
- ◉为测试题
- ▶为知识点视频

多媒体知识点索引

❯❯❯ 目录

上篇
理论篇

【学习内容】

研究水在静止和运动状态时的规律，包括液体特性及主要物理力学性质、静水压强特性及基本规律、压强的表示方法及测量、作用于受压面上的静水总压力、水流运动的基本概念、恒定流的几个基本方程式、水流运动的两种形态、水流阻力和水头损失等内容。

【学习方法】

在分析水在静止情况下的受力平衡条件和水流运动规律时，以实验为主线，有效利用新形态一体化教材的多种类型资源，将计算公式的含义、特点、使用条件和应用方法有机结合，注重实验在学习中所起的作用。

第1章 水力学概述

【学习指导】

通过本章的学习，同学们能解决以下问题：

1. 水力学的任务。
2. 水力学所能解决的问题。
3. 水力学的学习方法。
4. 液体的基本物理性质。

1.1 水力学的任务及其应用

1.1.1 水力学的任务

你知道什么是水力学吗？水力学能做什么？水力学并不是深不可测的，而是与我们的生活、生产息息相关的。如图1.1、图1.2所示。为什么我们可以用吸管将饮料吸入口中？为什么水泵可以将水从低处提升到高处？这两个看起来无关的现象，应用的却是同一个水力学原理。有志于在水利行业大展宏图的学生，必须了解水的特性和运动规律，才能很好地驾驭水，为人类的生活和生产服务。通过学习本门课程，可以掌握水的运动规律，并利用这些规律为水利事业做出应有的贡献。

图 1.1　用吸管吸饮料

1.1 ℗
水力学的任务
及其应用

1.2 🅑
水力学的任务
务及其应用
测试

图 1.2　用离心泵抽水

我国的水力学发展

早在几千年前,我国劳动人民就已经开始与洪水灾害进行不懈的斗争。随着生产发展的需要,在与水害作斗争的同时,还修建了许多灌溉、航运工程,实现了人类利用水资源谋福利的愿望。人类在防治水害、兴修水利的过程中,逐渐认识了水的运动规律,而对这些规律的认识又进一步促进了水利事业的发展。因此,水力学是人类在与水害作斗争、防治水害、兴修水利和发展水利的过程中发展起来的。

水力学的任务是研究水在静止和运动状态时的规律,并利用这些规律来解决实际工程中的水力计算问题。

水力学研究的内容按水所处的状态及所遵循的基本规律来分,有水静力学和水动力学两大部分。水静力学是研究水在静止状态时的基本规律,即研究作用于水上的力及各种力之间的平衡关系,以及在实际工程中的应用;水动力学是研究水在运动状态时的基本规律,即研究作用于水上的力和运动之间的关系,水的运动特性及能量转换等,以及在实际工程中的应用。

1.1.2 水力学在实际中的应用

水力学不仅在水利水电工程中得到广泛的应用,而且在其他行业也有不同程度的应用,如图1.3、图1.4所示。比如:城镇给排水工程、交通运输、土木建筑、机械工程、石油化工、冶金采矿等,甚至在我们的日常生活中也有应用,比如:自来水是如何出水的?这里也应用了水力学的原理。

图1.3 大坝泄洪时的水力学问题

图1.4 自来水中的水力学问题

有趣的水力学现象——虹吸现象

(1)把一个盛满红色水的烧杯放在高处,另一个盛少量水的烧杯放在低处。

(2)如图1.5所示,拿一个透明塑料管,将它灌满水后一端插入高处的烧杯中,另一端插入低处的烧杯中(实验时要注意不要让空气进入塑料管中),这时我们可以看到高处烧杯中的红水通过塑料管流入低处的烧杯中(塑料管的中部要始终高于盛红色水的烧杯），这就是虹吸现象。

虹吸现象在离心式水泵、虹吸式抽水马桶等许多方面得到了应用。

制作一个计时器：

古时有计时工具——铜壶滴漏，如图1.6所示。你能否用塑料瓶制作一个简单的计时器？并思考为什么可以根据瓶中的水位变化来计算时间。

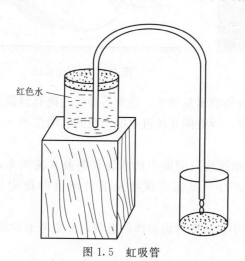

1.3 ▶

虹吸现象

图1.5　虹吸管　　　　　　　　　　　图1.6　铜壶滴漏

铜壶滴漏的原理

铜壶滴漏是我国古代计时器的一种，由4个安放在阶梯上的漏壶组成，最上层称日壶，第二层称月壶，第三层称星壶，最底下一层称受水壶。各壶都有铜盖。受水壶铜盖中央插一把铜尺，尺上刻有12时辰的刻度，自下而上为子、丑、寅、卯、辰、巳、午、未、申、酉、戌、亥。铜尺前插一木制浮剑，木剑下端是一块木板，叫浮舟。水由日壶按次沿龙头滴下，受水壶中的水随时间的推移而逐渐增加，浮剑逐渐上升，从而读出时间。

水力学知识在日常的生活和工作中无处不在。通过本课程的学习，可以将所学知识应用到实际中，来攻克技术难关，取得成功。

1.1.3　水力学所要解决的问题

水利各专业中常见的水力学问题有以下几个方面：

（1）水力荷载。即水对水工建筑物的作用力问题。比如：校核计算坝身、闸门、池壁、管壁上的静水作用力和动水作用力。

如图1.7、图1.8所示，在工程中，需要计算泄洪闸门所受的静水作用力和动水作用力，它是确定闸门厚度和闸门提升力的依据。

（2）过水能力。即水工建筑物及河渠的过水能力问题。比如：确定管道、渠道、闸孔和溢流堰单位时间内所能通过的最大通水量。

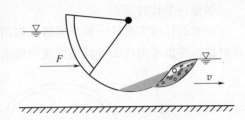

图1.7 泄洪闸　　　　　　　　　图1.8 闸门示意图

如图1.9所示，在多雨季节，江河湖泊水量剧增，经常需要通过闸孔泄洪来保证其上游安全水位，防止洪涝灾害的形成，因此闸孔的过水能力是闸孔泄洪的一个重要依据。

（3）水流流态。即水流流经水工建筑物及河渠中的水流现象及水流流态，为合理布置建筑物、确保建筑物的正常运行、保证建筑物及下游河道的稳定提供了依据。

如图1.10所示，在水利枢纽工程中，既要考虑泥沙的淤积，又要考虑冲刷问题。这些水力现象与河流流态关系密切。

图1.9 闸孔泄洪　　　　　　　　图1.10 复杂的水流流态

（4）水流的能量损失。即研究水流能量损失及能量的变化规律。比如：确定水流通过水电站、抽水站、管道、渠道时引起的能量损失的大小，校核溢流坝、水闸、水跌下游的消能。

如图1.11所示，农村小型自来水厂在设计和施工时要重点分析其能量损失情况，以便利用有效能量，减少其损失，达到更高的经济效益。

大坝泄洪时，应根据需要加大能量损失，消除多余能量，防止水流冲刷河床，危及建筑物的安全。

此外，还有其他一些水力学问题，如高速水流、弯道水流、挟沙水流、地下渗流以及海洋、湖泊、水库中的波浪问题等。

1.1.4 水力学的学习方法

水力学这门课程是在理论分析和科学实验相结合的基础上发展起来的。因此在学习水流运动规律时，理论分析得到的公式必须与实验得到的规律和数据进行相互验证和理解。本课程在内容的编排上，以实验为主线，将理论公式的含义、特点、使用条件和应用方法有机地连成一个整体，因此在学习水流运动规律时，要注意实验在学习中所起的作用。

根据本课程的特点，可以参考如下方法进行学习。

1. 认真观察，勤于动手

由于本课程的内容安排是理论和实验相结合，因此要注意观察实验现象，分析实验

图 1.11 农村小型自来水厂

现象的特征，总结实验规律。通过动手实验，验证水的运动规律，不应只背规律和条文。

2. 联系实际，勤于思考

本课程的学习目的不仅是掌握水的运动规律，更重要的是利用水的运动规律为生活和生产服务。因此，在学习中不但要掌握规律，还要应用规律，造福于人类。大家可以结合日常生活和专业中遇到的问题，通过水力学得到解决。

3. 注意总结，勤于练习

本课程的特点是概念多、公式多，尤其经验公式多。学习时，应注意概念、公式的对比和分类，从而建立一个水力学的知识框架，为内化理论知识奠定基础。另外，要通过练习强化所学内容。学习这门课的学生的普遍感受是，听课都明白，可是一做题就不会。只有通过有针对性题目的强化练习，才能很好地学会应用这些规律解决实际问题。

1.2 液体的基本特性和主要物理性质

水力学虽然以水为主要研究对象，但其运动状态时的规律同样适用于一般常见液体，因此我们要了解液体本身的内在性质，为研究液体的运动规律提供基础。

1.2.1 液体的基本特性

自然界的物质有固体、液体和气体三种存在形式。液体和固体的主要区别在于：固体有一定的形状；而液体却没有固定的形状，很容易流动，它的形状随容器而异，即液体具有易流动性。液体和气体的区别在于：气体易于压缩，并力求占据尽可能大的容积，能充满任何容器；而液体能保持一定的体积，还可能有自由表面，并且和固体一样能承受压力。液体压缩的可能性很小，在很大的压力作用下，其体积缩小甚

1.4 Ⓟ

液体的基本特性和主要物理性质

1.5 Ⓔ

液体的基本特性和主要物理性质测试

微，即液体具有不易压缩性。

结论：液体的基本特性是易于流动、不易压缩、均质等向的连续介质。以水为代表的一般液体，都具有这些基本特性。

1.2.2 液体的主要物理性质

物体运动状态的改变是受外力作用的结果，而任何一种力的作用都是通过液体本身的性质来实现的。下面研究影响液体运动的几个主要物理力学性质。

1. 质量和密度

一个物体所含物质的多少叫物体的质量，质量的单位为千克（kg），质量的符号用"m"来表示。

单位体积内的液体所具有的质量称为密度，用符号 ρ 表示，即

$$\rho = \frac{m}{V} \tag{1.1}$$

式中　m——液体的质量，kg；

　　　V——液体的体积，m^3；

　　　ρ——液体的密度，kg/m^3。

液体的密度常随温度和压强的变化而变化，但这种变化很小。所以在水利工程中，常把水的密度视为常数，采用在一个标准大气压下、温度为 4℃时的纯净蒸馏水的密度 $\rho = 1000kg/m^3$ 作为日常计算值。

水力学中，一般认为水的密度 $\rho = 1000kg/m^3$。

2. 重量和容重

地球对物体的吸引力，又称重力或重量。如果物体的质量为 m，则重量 G 为

$$G = mg \tag{1.2}$$

式中　g——重力加速度，通常采用 $g = 9.80m/s^2$。

重量的单位为牛顿（N）或千牛顿（kN），和力的单位一样。

液体单位体积内所具有的重量为容重，用 γ 表示，对某一重量为 G，体积为 V 的液体（均质液体），其容重为

$$\gamma = \frac{G}{V} \tag{1.3}$$

容重的单位为 N/m^3 或 kN/m^3，不同的液体具有不同的容重。同一种液体，其容重随温度和压强而变，但水的容重随温度和压强变化很小，水利工程计算中常视为常数。采用一个标准大气压下，温度为 4℃时水的容重为 $\gamma = 9800N/m^3$ 或 $\gamma = 9.8kN/m^3$ 作为日常计算值。

水力学中，一般认为水的容重为 $\gamma = 9800N/m^3$ 或 $\gamma = 9.8kN/m^3$。

3. 黏滞性

液体运动时若质点之间存在着相对运动，则质点间就要产生一种内摩擦力来抵抗其相对运动，这种性质即为液体的黏滞性。此内摩擦力称为黏滞力。黏滞性是液体固有的物理属性。

如图 1.12 所示，将一木板放置在水面上，在拉力 T 作用下，可以向前移动，证明木板与水面发生相对运动时，它们之间存在摩擦力。可以想象一下，水层之间存在相对运动时同样有摩擦力的存在。

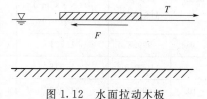

图 1.12　水面拉动木板

液体沿一固定平面壁作平行的直线运动。紧靠固体壁面的第一层极薄水层贴附于壁面上不动，第一层将通过摩擦作用影响第二层的流速，而第二层又通过摩擦（黏滞）作用影响第三层的流速，以此类推，离开壁面的距离愈大，壁面对流速的影响愈小。于是靠近壁面的流速较小，远离壁面的流速较大，如图 1.13（a）所示。由于各层流速不同，它们之间就有相对运动，上面一层流得较快，它就要拖动下面一层；而下面一层流得较慢，它就要阻止上面一层。于是在两液层之间就产生了内摩擦力，如图 1.13（b）所示。快层对慢层的内摩擦力是要使慢层快些；而慢层对快层的内摩擦力是要使快层慢些，即所发生的内摩擦力是抵抗其相对运动的。

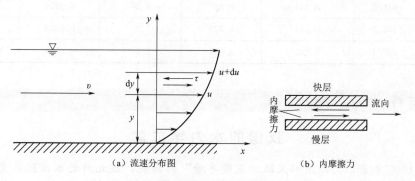

（a）流速分布图　　　　　　（b）内摩擦力

图 1.13　流速分布及内摩擦力

应指出，由于运动液体内部存在摩擦力，于是液体在运动过程中为克服内摩擦阻力就要不断地消耗液体的能量。所以黏滞性是引起液体能量损失的根源。

> 黏滞性是引起液体能量损失的根源。

4. 压缩性

物体的体积随压力的增大而减小的性质，叫作物体的压缩性。液体和固体一样，受压后体积也会减小，但液体的压缩性很小。以水为例，在 4℃ 时，每增加一个大气压，水的相对缩小量还不足二万分之一，所以一般的水力学问题中，可以认为水是不可压缩的。只有对于压强变化过程非常迅速的管道中的水流运动，才会考虑液体的压缩性。

　　不同温度下水的物理性质见表 1.1，液体的基本特性和主要物理性质作为基本常识会贯穿于水力学各章节中。

表 1.1　　　　　　　　　　不同温度下水的物理性质（1 个标准大气压）

温度/ ℃	密度 ρ/ (kg/m³)	动力黏滞系数 μ/(N·s/m²) (×10⁻³)	运动黏滞系数 ν/(m²/s) (×10⁻⁶)	体积弹性系数 K/(N/m²) (×10⁹)	表面张力系数 σ/(N/m²)	汽化压强/ (kN/m²)
0	999.8	1.781	1.785	2.02	0.0756	0.60
5	1000.0	1.518	1.519	2.06	0.0749	0.87
10	999.7	1.307	1.306	2.10	0.0742	1.18
15	999.1	1.139	1.139	2.15	0.0735	1.70
20	998.2	1.002	1.003	2.18	0.0728	2.34
25	997.0	0.890	0.893	2.22	0.0720	3.17
30	995.7	0.798	0.800	2.25	0.0712	4.24
40	992.2	0.653	0.658	2.28	0.0696	7.38
50	988.0	0.547	0.553	2.29	0.0679	12.16
60	983.2	0.466	0.474	2.28	0.0662	19.91
70	977.8	0.404	0.413	2.25	0.0644	31.16
80	971.8	0.354	0.364	2.20	0.0626	47.34
90	965.3	0.315	0.326	2.14	0.0608	70.10
100	958.4	0.282	0.294	2.07	0.0589	101.33

阅读材料

我 国 的 水 力 学 成 就

　　在 4000 年前，大禹治水采取"疏壅导滞"的措施，疏九河之水以防水患，为防洪排涝、发展农业生产做出了积极贡献。

　　公元前 256 年前后，秦国蜀郡太守李冰和他的儿子吸取前人的治水经验，率领当地人民，主持修建了著名的都江堰水利工程，该工程既可以分洪减灾，又可以引水灌田、变害为利。

　　公元 80 年，东汉杨琳发明了水力鼓风炉，促进了冶炼工业的发展。唐宋时期发明了水车，使得农业向"自动化"迈进了一步。

　　长江三峡水利枢纽是当今世界上最大的水利工程，由大坝、水电站厂房和通航建筑物三大部分组成，长江三峡水利枢纽工程在防洪、发电、航运、养殖、旅游、保护生态、净化环境、开发性移民、南水北调、供水灌溉等方面均有巨大效益。三峡工程中复杂的地质条件和水力条件所需要的消能防冲、高速水流及挟沙水流等水力学研究成果已进入世界先进行列。

水力学名人及贡献

意大利学者达·芬奇（Da Vinci，1452—1519）发表了《论水的运动和水的测量》一文，他以实验的方法揭示了水流现象，突破了水力学的新进展。

意大利学者伽利略（Galileo，1564—1642）发表了著作《物体沉浮》。

法国学者帕斯卡（Pascal，1623—1662）提出了静水压强传递理论——帕斯卡定律。

英国科学家牛顿（Newton，1643—1727）提出了液体内摩擦定律及物体运动的基本定律。

瑞士数学家伯努利（Bernoulli，1700—1782）在1738年发表了他的水力学巨著《流体动力学》，首次系统阐述了水动力学中的一些基本原理，如著名的伯努利方程。他被称为水力学的创始人。

瑞士学者欧拉（Euler，1707—1783）在1755年应用数学分析的方法导出了液体平衡及运动微分方程式，阐述了理想液体运动的基本规律，奠定了水力学的基础。

法国工程师谢才（Chézy，1718—1798）在1769年从实践中总结出明渠均匀流的阻力公式。

英国工程师雷诺（Reynolds，1842—1912）在系统实验的基础上，揭示了液体运动的两种形态——层流和紊流，并提出了紊流运动的基本方程式——雷诺方程。

德国学者尼古拉兹（Nikuradse）在1933年通过对人工加糙管的系统实验得出了水流阻力与能量损失的规律，即著名的尼古拉兹实验。

习　题　1

1.1　选择题

1. 液体不具有的性质是（　　）。

A. 易流动性　　　　　B. 压缩性　　　　　C. 抗拉性　　　　　D. 黏滞性

2. （　　）是引起液体能量损失的根源。

A. 易流动性　　　　　B. 压缩性　　　　　C. 抗拉性　　　　　D. 黏滞性

1.2　填空题

1. 水力学中，一般认为水的容重 $\gamma =$ _____；水的密度 $\rho =$ _____。

2. 已知水银的容重是水容重的13.6倍，则水银的容重为 _____。

3. 液体的基本特性是 _____。

1.3　简答题

1. 水力学的任务和研究对象。

2. 水力学要解决的问题。

1.4　计算题

1. 100L 水在 4℃时，其重量和质量各是多少？

2. 酒精的容重是 8000N/m³，它的密度是多少？5000L 酒精的质量又是多少？

3. 已知海水的容重为 10000N/m³，其密度是淡水（4℃）的多少倍？

第2章 静水压强及静水总压力

在科技馆里，一个小小的孩童也可以变成"大力士"，将一个成年的大胖子举起。这种神奇的现象是怎样发生的？如果学完本章的内容，回答这个问题就不难了。而且作为水利类专业的同学，也能够理解为什么水库大坝设计不当就会被水压垮，水闸的门板没有一定的厚度，就会被水压弯。

【学习指导】

通过本章的学习，同学们能解决以下问题：

1. 静水压强及其特性。

什么是静水压强？静水压强有什么特点？

2. 静水压强的基本规律。

静水压强的大小如何计算？什么是等压面？静水压强的分布有什么规律？

3. 静水压强的表示方法和测算。

静水压强的表示方法有哪几种？其相互关系如何？如何测量并计算水的压强？

4. 试验测量静水压强并验证静水压强的基本规律。

5. 作用在受压面上的静水总压力。

如何计算作用在建筑物上的静水荷载（即静水总压力）？

2.1 静水压强及其特性

2.1.1 静水压强

您能举出几个实例或做几个简单的试验证明静水压力的存在吗？

人们从生活实际中知道：如图2.1、图2.2所示，游泳时当水淹过胸部，就会感到胸部受到一种压力；盛水后的桶壁箍得不牢就会散掉。通过上述现象，人们可建立一个概念：处于静止状态的水体，对盛着它的容器或挡着它的物体都有压力的作用。这种压力的大小往往以静水压强来衡量。

单位面积上静水的压力值，称为静水压强。其表达式为

$$p = \frac{F_P}{A} \tag{2.1}$$

式中
F_P——作用于某受压面上总的力，即静水总压力，N；

A——受压面积，m^2；

p——静水压强，Pa。

用式（2.1）算得的静水压强，表示某受压面单位面积上受力的平均值。只有在受力均匀的状况下，它才真实地反映受压面上各处的受压情况。而实际上，受压面上受力

2.1 Ⓟ
静水压强
及其特性

2.2 Ⓜ
静水压强及
其特性测试

往往不均匀，故各处的静水压强也不同。因此必须建立"某一点的静水压强"这一概念。所谓"某一点的静水压强"指的是以此点为中心，在它周围一块极小面积上的平均压强值。顺便指出，在水力学中遇到静水压强时，若无说明，均指点静水压强。

图 2.1 游泳压力

图 2.2 木桶压力

2.1.2 静水压强的特性

制作一个测量液体内部压强的仪器。把一个两端开口的 U 形玻璃管（U 形测压管）固定在有刻度的壁面上，并注入有色液体。实验前，由于两管都通大气，所以，管中液面位于同一高度。如果用一根橡皮管把一个蒙有橡皮膜的小圆盘连接到测压管 A 端，B 端与大气相通。这时，管中液面仍在同一高度上。实验开始：若用手指去压橡皮膜，则 U 形测压管中液面高度就会发生变化（A 管液面下降，B 管液面上升），加力愈大，两管液面的高度差 h 也愈大；若手指放开，液面又恢复至同一高度。可以看出，两管的液面高度差反映了橡皮膜上所受压强的大小。

图示 2.3 是测量液体内部压强的仪器，当探头上的橡皮膜受到压强时，U 形管两侧的液面产生高度差。两管的液面高度差反映了橡皮膜上所受压强的大小。

图示 2.4 中，将探头放进盛水容器中，看液体内部是否存在压强。保持探头在水中深度不变，改变探头的方向（使橡皮膜上、下、左、右或斜向均可），看看液体内部同一深度在各个方向的压强是否相等？

结论 1：在液体同一深度，只改变探头的方向（使橡皮膜上、下、左、右或斜向均可），测压管液面高度差 h 均不变。说明静水中是存在压强的，

2.3

静水压强
特性

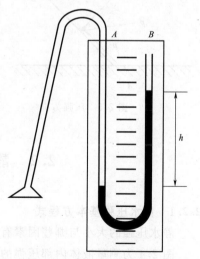

图 2.3 测量液体内部压强

13

静水中任一点的静水压强大小在各个方向上均相等，与受压面的方位无关。

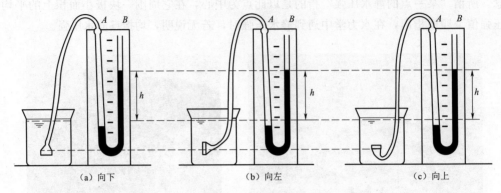

（a）向下　　　　　　　　（b）向左　　　　　　　　（c）向上

图 2.4　同一深度压强测量

　　静水压强的方向是否永远垂直并指向受压面？请用反证法进行讨论。

　　在水力学概述中，我们已经知道，易流动性是液体的主要特性，静止状态下的液体不论受到多么微小的切向力的作用，液体都会发生流动。对于这一特性，可以做如下证明，如图 2.5 所示。假如静水压强 p 不垂直作用面 AB，根据力的合成与分解知识，p 可分解为两个分力，p_2 垂直于 AB 面，剪力 p_1 平行于 AB 面。倘若 $p_1 \neq 0$ 的话，液体就会发生流动。这与液体本身是静止的这一前提相矛盾。故只能是剪力 $p_1 = 0$，所以静水压强 p 只可能与 AB 面垂直。同时，水体又不可能存在拉力，只能承受压力。由此推知：

　　结论 2：静水压强是垂直指向受压面的。

　　【例 2.1】　图 2.6 中，水下深度 A、B、C 处存在压强，请绘出 A、B、C 三处各点压强的方向。

2.4　ⓟ

静水压强的基本规律

2.5　◉

静水压强的基本规律测试

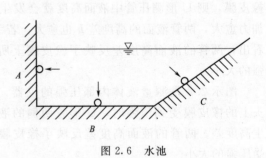

图 2.5　压强方向　　　　　　　图 2.6　水池

2.2　静水压强的基本规律

2.2.1　静水压强基本方程式

　　静水压强的大小与哪些因素有关系？

　　图 2.4 为测量液体内部压强的仪器，将探头放进水中。

　　（1）增大探头在水中的深度，看看液体内部压强和深度有什么关系？

（2）换用其他液体（盐水、煤油），看看液体内部压强是否与密度有关？

由测量液体内部压强的仪器演示得到结论 1 和结论 2：

结论 1：静水压强的大小与水深有关，水深越大，压强越大。

结论 2：压强的大小与液体的密度有关。在液体的同一深度，液体密度越大，液体压强越大。

2.6 ◉
测点静水
压强实验

由此可以验证，物理学的结论：

当表面压强为大气压强时，静水压强为

$$p = \rho g h = \gamma h \tag{2.2}$$

式中　γ——液体的容重；

　　　h——水深。

如图 2.7 所示的静水压强实验仪，各部分构造说明如下：1、2、3 管测量 D、C、B 三点的压强，4 为通气阀，5 为加压打气球，6 为减压阀。

利用本实验装置，分析研究静水压强的分布规律。

（1）在容器与大气连通的情况下，观察 B、C、D 三点的压强大小有什么特征。

（2）将容器封闭加压，观察 B、C、D 三点的压强大小有什么变化。

（3）将容器封闭减压，观察 B、C、D 三点的压强大小有什么变化。

可以看到，增大水体表面的压强，水中各点的压强也随之增大；减小水体表面的压强，水中各点的压强也随之减小。

由静水压强实验仪测量结果可得到结论 3：

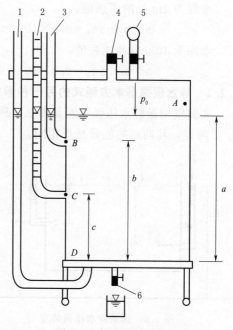

图 2.7　静水压强实验仪

结论 3：静水压强不但与水深、水的密度有关，而且与表面压强有关。

通过分析可以得到，在同一种静止水体中，任意一点的静水压强由两部分组成，一部分是由水面传来的外压强 p_0；另一部分是 γh，它相当于单位面积上高为 h 的水体自重。

当液体的表面压强为 p_0 时，静水压强为

$$p = p_0 + \gamma h \tag{2.3}$$

式中　p——静止水体中任一点的静水压强；

　　　p_0——水面上的外压强；

　　　γ——水的容重；

　　　h——该点所在位置的水深，也就是该点在水面下的淹没深度。

从静水压强方程式可以明确以下几点：

15

2.7 ▶
等压面演示

（1）若水面外压强 p_0 不变，在静止水体中任一点的静水压强只与淹没深度 h 有关。也就是说，水深越大，静水压强也越大。在工程中，潜水越深，所受到的压强越大。

（2）水面外压强 p_0 对水体各点压强的影响相同，即当水面受到外压强 p_0 的作用后，将大小不变地传递到水体中的每一个点，这就是帕斯卡定律。

（3）水深相等的面，其各点的压强相同，我们把压强相同的点所连成的面称为等压面。因此，在同一容器中，静止液体的水平面即为等压面。

【例 2.2】　求蓄水池中水深为 2m、10m 处的静水压强。已知水池表面压强 $p_0 = 9.8 \times 10^4$ Pa。

解：据静水压强基本方程式 $p = p_0 + \gamma h$ 得

水深为 2m 处的压强值：

$$p = p_0 + \gamma h_1 = 9.8 \times 10^4 + 9.8 \times 10^3 \times 2 = 11.76 \times 10^4 \, (\text{Pa})$$

水深为 10m 处的压强值：

$$p = p_0 + \gamma h_2 = 9.8 \times 10^4 + 9.8 \times 10^3 \times 10 = 19.6 \times 10^4 \, (\text{Pa})$$

2.2.2　静水压强基本方程式的另一种形式

实验室测量静水压强装置如图 2.8 所示，请同学们通过试验探究分析，任意选取 1、2 两点，其两点的能量是否相同。

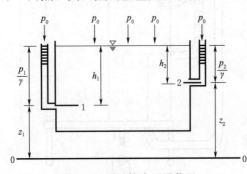

图 2.8　测量静水压强装置

在要研究的 1、2 两点高度处的边壁上开小孔外接垂直向上的开口玻璃管，称为测压管，水面压强用 p_0 表示，$p_0 = 0$，1 点压强用 p_1 表示，2 点压强用 p_2 表示。若取同一水平基准面 0—0，则点 1 距基准面的位置高度为 z_1，点 1 水深为 h_1，点 1 静水压强为 γh_1；点 2 距基准面的位置高度为 z_2，点 2 的水深为 h_2，点 2 静水压强为 γh_2。

请同学们观察并分析：

（1）1、2 两点的能量包括哪几部分？

（2）1、2 两点测压管中水面上升的高度 h_1、h_2 与对应点静水压强 p_1、p_2 有什么关系？

（3）1、2 两点的能量是否相等？

由物理学知，静止液体的能量包括两部分：

位置高度 z 使液体产生的位置势能和压强 p 产生的位置势能称为压强势能。

由压强计算公式：$p_1 = \gamma h_1$，$p_2 = \gamma h_2$，经过变形得到：$h_1 = \dfrac{p_1}{\gamma}$，$h_2 = \dfrac{p_2}{\gamma}$，1、2 两点的总势能相等。

$$z_1 + \frac{p_1}{\gamma} = z_2 + \frac{p_2}{\gamma}$$

结论1：由于容器中的水面高度是相同的，即为一条水平线，则得到静水压强基本方程式的另外一种形式：

$$z+\frac{p}{\gamma}=常数 \qquad (2.4)$$

压强 p 作用下使液体沿测压管上升的高度 $h=\frac{p}{\gamma}$ 称为压强势能，又称为压强水头。

位置高度 z 使液体产生的能量称为位置势能，又称为位置水头。

$z+\frac{p}{\gamma}$ 称为液体的总势能，又称为测压管水头。

式（2.4）的几何意义：静止液体内各点的测压管水头为常数。

式（2.4）的物理意义：静止液体内各点的总势能均相等。

测压管水头线：连接各点测压管中水面的线，称为测压管水头线，如图2.8所示。

结论2：静止状态的水体仅受重力作用时，其测压管水头必为一条水平线。

2.2.3 静水压强计算公式的应用——连通器原理

如图2.9所示上端两端开口、下端连通的连通器，连通器上各容器的水面高度总是相同的，从液体压强的角度考虑，如果连通器中某一个容器的高度比别的高，那么会怎么样？

若将图2.9连通器上端一端封闭，另一端开口，下端连通的连通器，连通器上各容器的水面高度是可以不相同的，为什么会出现这种现象？

结论1：只有重力作用下的静止液体，其等压面必然是水平面。

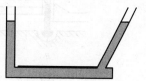

图2.9 连通器

结论2：在均质、连通、静止的液体中，水平面是等压面。这就是连通器原理。

【例2.3】 如图2.10所示密闭容器，根据等压面的定义，判断平面1-1、2-2、3-3、4-4哪个平面是等压面？哪个平面不是等压面？为什么？

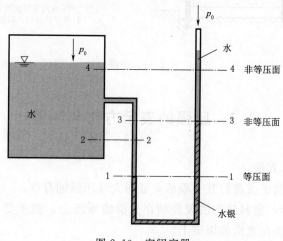

图2.10 密闭容器

解： 根据等压面的定义可以判断出 1 - 1、2 - 2 平面是等压面；3 - 3、4 - 4 平面不是等压面。

世界上最大的人造连通器——三峡船闸

我国长江三峡是举世瞩目的跨世纪工程。三峡大坝建成后，大坝上、下游水位落差为 113m，巨大的落差有利于产生可观的电力，但也带来了航运问题。怎样让船降落（上升）一百多米？解决这个问题的途径是修建船闸。三峡船闸总长 1621m，船只在船闸中经过 5 个闸室，使船体逐次降低（上升）。图 2.11 描述了一艘轮船由上游通过船闸驶向下游的情况。

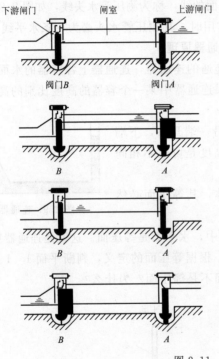

(打开上游阀门 A，闸室和上游水道构成了一个连通器)

(闸室水面上升到和上游水面相平后，打开上游闸门，船驶入闸室)

(打开下游阀门 B，闸室和下游水道构成了一个连通器)

(闸室水面下降到跟下游水面相平后，打开下游闸门，船驶入下游水道)

图 2.11　船闸

2.8　℗

压强的表示方法和测量

2.9　◉

压强的表示方法和测量测试

2.3　压强的表示方法和测量

2.3.1　压强的表示方法

同学们请举出例子或进行某一项活动证明大气压强的存在。

如图 2.12 所示，塑料挂钩的吸盘贴在光滑的墙面上，能承受一定的拉力而不脱落，什么力量把它压在光滑的墙壁上？

如图 2.13 所示，用吸管吸饮料时，什么力量使饮料上升到嘴里？

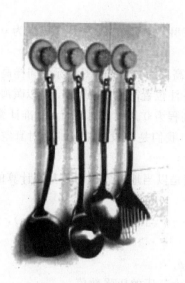

图 2.12　塑料挂钩吸盘

图 2.13　吸管吸饮料

制作一个简易的测量大气压强的仪器，如图 2.14 所示，测量大气压强的大小。

将蘸水的塑料挂钩的吸盘按在光滑的水平桌面上，挤出里面的空气。用弹簧测力计钩着挂钩缓慢上拉，直到吸盘脱离桌面。记录刚刚拉脱时弹簧测力计的读数，这就是大气对吸盘的压力。再设法量出吸盘与桌面的接触面积，然后计算出单位面积上所受的压力，就是当地的大气压强。

当地大气压强会因当地的位置高程的影响而发生改变，而工程上为了计算方便，规

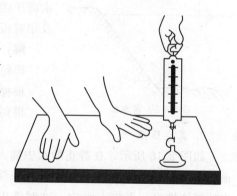

图 2.14　简易的大气压强测量仪器

定一个工程大气压为 98kPa，它的大小刚好等于 10m 水深所产生的压强大小。

习惯上，采用一个工程大气压强表示当地的大气压强。

当地的大气压强＝98kPa＝1 个工程大气压强＝10m 水柱。

从上述例子可以看出，压强有三种不同单位的表示方法。

1. 压强的单位

（1）以应力单位表示：单位面积上的压力，这是压强的最常用的表示方法。其单位为 N/m^2（Pa）或 kN/m^2（kPa）。

（2）水利工程中为计算方便，常以工程大气压来表示压强的大小，规定

$$1 \text{工程大气压} = 98 \text{（kPa）}$$

（3）水柱愈高，压强愈大。因此，可用水柱高来表示压强的大小，如某点的压强 $p = 98kN/m^2$，水的容重 $\gamma = 9.8kN/m^3$，则水柱高为

$$h = \frac{p}{\gamma} = \frac{98kN/m^2}{9.8kN/m^3} = 10 \text{（m 水柱）}$$

19

2. 相对压强与绝对压强

在日常生活中，有的人说大气压强大小为 98kPa，有的人说大气压强为 0，你知道哪一个答案是正确的吗？为什么？

在水利工程实践中，有的图纸标注室内地面高程为 0，有的图纸标注同样高度的位置高程为 85.50m，这是由于基准点不同。图纸标注位置高程为 85.50m 是以黄海海平面为基准，高出黄海海平面 85.50m；而室内地面高程为 0 是以室内地面为基准计算的。

结论 1：当我们说到大气压强为 98kPa 时，我们是以没有空气的绝对真空为零基准计算的压强，称为绝对压强，以 $p_绝$ 表示。

结论 2：当我们说到大气压强为 0 时，我们是以当地大气压为零基准计算的压强，称为相对压强，以 $p_相$ 表示。

结论 3：相对压强 $p_相$ 较绝对压强 $p_绝$ 小了一个当地大气压 Pa（98kPa），两者的关系为

$$p_相 = p_绝 - p_a \qquad (2.5)$$

从式（2.5）可以看出，相对压强是指超过大气压的压强数值。

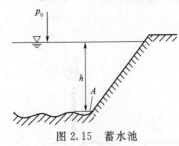

图 2.15　蓄水池

【例 2.4】　图 2.15 为一蓄水池，其水深 $h = 6$m，水面压强为 $p_0 = p_a = 98$kPa，计算点 A 处的绝对压强及相对压强。

解：根据压强计算公式 $p = p_0 + \gamma h$

得到 A 点的绝对压强 $p_{A绝} = 98 + 9.8 \times 6 = 156.8$（kPa）

根据绝对压强与相对压强的关系式 $p_相 = p_绝 - p_a$

得到 A 点的相对压强 $p_{A相} = 156.8 - 98 = 58.8$（kPa）

3. 真空压强

如图 2.16 所示，在静止的水中插入一个两端开口的玻璃管，这时，管内外的水面必在同一高度。如果把玻璃管的一端装上橡皮球，并把球内的气体排出，再放入水中，这时管内的水面高于管外的水面 h，说明管内水面的压强 p_0 已经不是一个大气压强了。请用静水压强基本计算公式分析，管内水面的压强 p_0 的大小。

由等压面的原理可知，$p_a = p_0 + \gamma h$

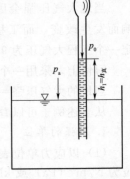

图 2.16　真空压强

可以看出，管内水面压强 p_0 小于大气压强 p_a，这时管内液面出现了真空。如果用相对压强来表示，则管内水面的压强为 $-\gamma h$，称管内液面出了"负压"。这个负压（$-\gamma h$）的绝对值 γh 称为管内液面的真空压强，以 $p_真$ 表示。如果用绝对压强来表示，真空压强 $p_真$ 就是绝对压强不足一个气压的差值。

因此真空压强按下式计算：

$$p_真 = p_a - p_绝 = -p_相 = |p_{相1}| \qquad (2.6)$$

若真空压强以水柱高度表示，称真空高度，显然，真空高度为

$$h_真 = \frac{p_真}{\gamma} \qquad (2.7)$$

在工程上，负压又称为存在真空；真空压强又称为真空度。

【例 2.5】 某密闭水箱，如图 2.17 所示。液面的绝对压强为 $p_0 = 85 \text{kN/m}^2$，求液面下淹没水深 h 为 1m 点 C 处的绝对压强、相对压强和真空压强。

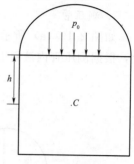

图 2.17 密闭水箱

解： C 点绝对静水压强为

$$p_{绝} = p_0 + \gamma h = 85 + 9.8 \times 1 = 94.8 \ (\text{kPa})$$

C 点的相对静水压强为

$$p_{相} = p_{绝} - p_a = 94.8 - 98 = -3.2 \ (\text{kPa})$$

相对压强为负值，说明 C 点存在真空。

则其真空压强为

$$p_{真} = p_a - p_{绝} = 98 - 94.8 = 3.2 \ (\text{kPa})$$

工程应用

抽水机也叫水泵，是工程上常用的加压设备，它是利用真空原理把水从低处吸到一定高度。图 2.18 为活塞式水泵和离心式水泵的工作图，请对照下面两幅图片说出它们的工作过程。

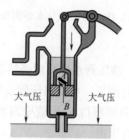

（a）活塞式水泵抽水示意图

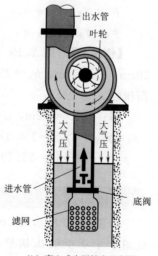

（b）离心式水泵抽水示意图

图 2.18 水泵工作原理

2.3.2　静水压强的测算

应用静水压强计算式（2.3）及连通器原理，可以测算各种情况下的静水压强。

1. 测压管

如图 2.19（a）所示，将一端开口的玻璃管（测压管）连接在容器侧壁的某一点上，根据测压管内液面上升的高度 h，就能计算出该点的静水压强，$p=\rho gh=\gamma h$。

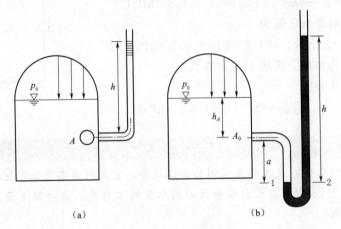

图 2.19　测压管与水银测压计

2. 水银测压计

如果某容器内的压强较大时，测压管水柱高度必然很大，测压管过长在使用上很不方便。因此，常采用 U 形水银测压计测压，可使测压管长度减小，其装置如图 2.19（b）所示。测定容器中任一点压强时，只要测得 U 形管中两水银面高差 h，及测点距任一水银面间的距离 a，便可计算出该点的压强。

根据连通器原理，水平面 1-2 为等压面。因此，点 1 和点 2 的压强相等，即

$$p_A+\gamma_{水}\,a=\gamma_{汞}\,h$$
$$p_A=\gamma_{汞}\,h-\gamma_{水}\,a \tag{2.8}$$

【例 2.6】　图 2.19（b）的水银测压计，已知 $h=20\text{cm}$，$a=15\text{cm}$，$h_A=25\text{cm}$。推算 A 点的压强 p_A 和表面压强 p_0。

解： 当 $h=0.2\text{m}$，$a=15\text{cm}$ 时，

$$p_A=\gamma_{水银}h-\gamma_{水}a=133.3\times0.2-9.8\times0.15=25.19\ (\text{kPa})$$
$$p_0=p_A-\gamma h_A=25.19-9.8\times0.25=22.74\ (\text{kPa})$$

工程应用

图 2.20　DSJ-6 型电子双色水位计

如图 2.20 所示的 DSJ-6 型电子双色水位计，主要适用于中小型低压锅炉，具有水位显示清晰、色泽鲜艳，观察角度大，可视距离远，不受水质影响，性能稳定，可高低水位报警的优点，有利于防止锅炉缺满水事

故的发生。其应用的主要原理就是利用测压管测量锅炉的水位和压强。由于其具有双色显示水位的优点，因此得到了广泛的应用。

2.4 作用在受压面上的静水总压力

在水利工程中，我们需要知道作用在建筑物整个表面上的水压力，即静水总压力。图 2.21 所示为已经投入使用的水闸，为了确定闸门的启闭力，需要知道作用在闸门上的总压力；图 2.22 所示为正在加固的河堤，为了校核挡水堤坝是否稳定，也需要知道静水总压力。本节同学们会学习到两个内容：①静水压强分布图：用几何图形这种形象的方法清晰地表示出受压面上各点压强的大小和方向；②静水总压力：利用压强分布图计算作用在受压面上的静水总压力，即水荷载。

2.10 ▶

作用在受压
面上的静水
总压力

2.11 ◉

作用在受压
面上的静水
总压力测试

图 2.21 水闸

图 2.22 正在加固的河堤

2.4.1 静水压强分布图

已知某蓄水池池深为 5m，探究压强的分布规律及图形表示方法，如图 2.23（a）所示。

（1）请同学们计算水深分别为 0m、1m、2m、3m、4m、5m 处的相对压强。

（2）用图形的方法绘制水深分别为 0m、1m、2m、3m、4m、5m 处静水压强的大小和方向。

（3）讨论水深分别为 0m、1m、2m、3m、4m、5m 处静水压强的分布规律，并用更简便的方法绘制压强分布规律图。

使用公式：静水压强的计算公式为 $p = \rho g h = \gamma h$

绘图方法：按一定比例尺，用箭杆长度表示其大小，用箭头标出其方向，压强的箭头方向与受压面垂直。

结论 1：从压强分布图上可以看出，压强的大小与水深成正比；压强的方向垂直指向受压面。

结论 2：压强分布图的简便画法，取水面上的一点 A，以相对压强计 $p_A = 0$，取闸门底部一点 B，其水深为 h，以相对压强计 $p_B = \gamma h$，按一定比例绘于图上；因 p 与 h 成直线关系，所以连接 A、C 两点，即得静水压强分布图。如图 2.23（b）所示。

23

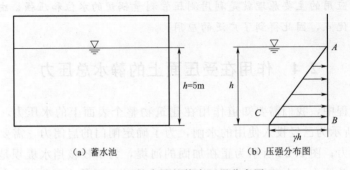

（a）蓄水池　　　　　　　　（b）压强分布图

图 2.23　蓄水池的静水压强分布图

【例 2.7】 绘制图示结构的压强分布图，并总结压强分布图的绘制要点和特点。

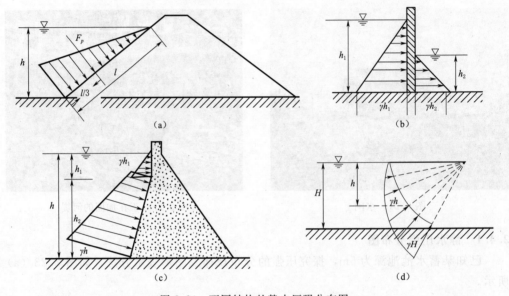

图 2.24　不同结构的静水压强分布图

结论 1：平面壁上的静水压强分布图的绘制要点：各点的压强大小由 γh 来决定，水深多少就画多长，方向总是垂直指向受压面，然后连接各点箭杆的尾部。

结论 2：平面壁上的静水压强分布图的特点：压强分布图的形状大体有三种，受压平面露出水面的，压强分布图为三角形；受压平面淹没在水下的，压强分布图一般为梯形，淹没在水下的水平放置的平面，其压强分布图为矩形。

结论 3：曲面壁上的静水压强分布图的特点：各点静水压强方向垂直指向受压面，压强分布图的形状为曲线围成的图形。

2.4.2　作用在矩形平面壁上的静水总压力

工程中最常见的受压平面是沿水深等宽的矩形平面，由于它的形状规则，可较简便地利用静水压强分布图求解。

观察：图 2.25（a）所示为任意倾斜的矩形受压平面，宽为 b、长为 l。请同学们观察压强分布图的模型图，可以发现：由于压强分布沿宽度不变，因此压强分布图沿宽度方向是不变的。因受压平面的顶部在液面以下，压强分布图为梯形［图 2.24 (c)］；当受压平面的顶部与液面齐平时，压强分布图为三角形［图 2.24 (a)、(b)］。

讨论：平面壁上静水总压力 F_P，就是受压面上单位面积上静水总压力（静水压强）的总和，即静水总压力大小是该平行分布力系的合力。这就像三个同学同时推一张桌子，其总压力 F_P 就是三个同学对桌子的压力之和。因此，压强分布图的面积就应等于作用在单位宽度上的静水总压力；压强分布图在空间构成的体积称为压强分布体，即为作用在矩形平面上的静水总压力，如图 2.25 (b) 所示。

结论 1：矩形的受压平面所受静水总压力大小就等于压强分布图面积 S 乘矩形受压面宽度 b。

$$F_P = Sb \tag{2.9}$$

这样，对于图 2.24 (c) 所示的压强分布图为梯形的情况

$$F_P = \frac{1}{2}\gamma(h_1 + h_2)bl \tag{2.10}$$

对于图 2.24 (a)、(b) 所示的压强分布图为三角形的情况，若 h 为受压平面底部处的水深，则

$$F_P = \frac{1}{2}\gamma bhl \tag{2.11}$$

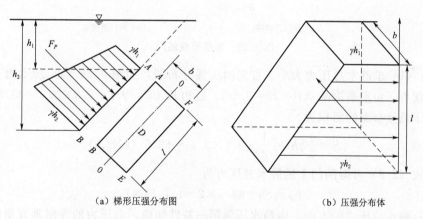

（a）梯形压强分布图　　　　　　　（b）压强分布体

图 2.25　倾斜的矩形受压平面

结论 2：根据静水压强的第二特性，所有点的静水压强都垂直受压面，因此，总压力的作用方向必然垂直于受压平面。

结论 3：静水总压力的作用线必通过压强分布图的形心（注意要和受压面形心区别开），而且压力中心必然位于受压面的对称轴上。

总压力的作用线与受压面的交点，即总压力的作用点，称压力中心。以 D 表示。压力中心位置有时用压力中心 D 至受压面底缘的距离 e 表示。例如：下列压强分布图的压力中心的位置为

当压强分布图为三角形时，如图 2.24 (a)，压力中心至三角形底缘距离 $e = \frac{l}{3}$。

当压强分布图为梯形时,如图 2.24(c)所示,压力中心至梯形底缘的距离 $e=\dfrac{l}{3} \cdot \dfrac{2\gamma h_1+\gamma h_2}{\gamma h_1+\gamma h_2}$。

总结:用压强分布图求矩形受压面静水总压力主要考虑以下三点。

(1)如何绘制静水压强分布图。

(2)如何计算静水总压力的大小。

(3)如何确定静水总压力的压力中心。

【例 2.8】 某进水闸的矩形平板闸门如图 2.26 所示,闸门高 $a=4\mathrm{m}$,门宽 $b=2\mathrm{m}$,闸前水深 $H=3.6\mathrm{m}$。试求闸门上静水总压力的大小、方向及作用点。

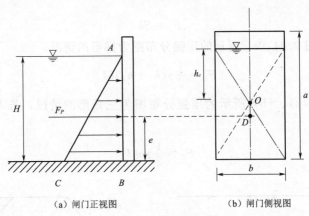

(a) 闸门正视图   (b) 闸门侧视图

图 2.26 矩形平板闸门

解:(1)求静水总压力大小。首先画压强分布图,如图 2.26(a)所示为三角形分布。直角三角形垂边高 $AB=H=3.6\mathrm{m}$,底边长 $BC=\gamma H=9.8\times3.6=35.28\mathrm{kPa}$,三角形压强分布图的面积为

$$S=\frac{1}{2}\gamma h^2=\frac{1}{2}\times9.8\times3.6^2=63.5 \ (\mathrm{kN/m})$$

由式(2.8)可得闸门上的静水总压力为

$$F_P=Sb=63.5\times2=127 \ (\mathrm{kN})$$

(2)静水总压力的方向。由静水压强第一特性知道,总压力的方向垂直指向受压面(闸门平面)。

(3)静水总压力的作用点。因压强分布为直角三角形,故静水总压力作用点〔图 2.26(b)〕距底边为

$$e=\frac{1}{3}H=\frac{1}{3}\times3.6=1.2 \ (\mathrm{m})$$

2.4.3 作用在曲面壁上的静水总压力

在水利工程中,常遇到弧形闸门、闸墩、输水管道、隧洞进出口等水利设施所承受水压力的作用面为曲面的情况。由于作用在曲面上的任一点的静水压强都垂直于曲面该点的切平面,因此各点的压力互不平行,如图 2.24(d)所示。需要分别计算作用在曲面上静水总压力的水平分力和垂直分力,然后再求其静水总压力。

如图 2.27 （a） 所示的弧形闸门 AB，则作用在 AB 曲面上的静水总压力 F_P 分解为水平分力 F_{Px} 和垂直分力 F_{Pz}。

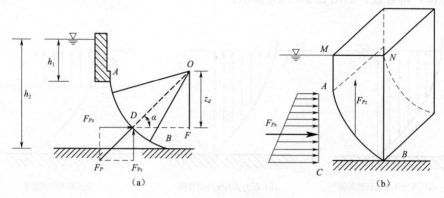

图 2.27　曲面上的静水总压力

已知闸门宽度为 b，顶部水深为 h_1，底部水深为 h_2，垂直高度为 $l=h_2-h_1$，则曲面顶部 A 点的压强为 γh_1，曲面底部 B 点的压强为 γh_2，如图 2.27 （a） 所示。

1. 作用在曲面上静水总压力的水力分力 F_{Px}

作用在曲面闸门上的静水总压力的水力分力 F_{Px} 等于曲面 AB 在铅直投影面 AC 上的静水总压力，如图 2.27 （b） 所示，可以利用平面的静水总压力的方法来计算，即为作用于铅垂投影面上的水平压强分布图的面积乘闸门的宽度，大小计算公式为

$$F_{Px}=Sb=\frac{1}{2}(\gamma h_1+\gamma h_2)lb \qquad (2.12)$$

式中　　S——表示曲面 AB 的铅垂投影 AC 的水平静水压强分布图的面积；

　　　　b——闸门的宽度；

　　　　h_1——弧形闸门顶部水深；

　　　　h_2——弧形闸门底部水深；

$l=h_2-h_1$——弧形闸门的垂直高度。

作用力的方向为水平指向受压曲面 AB，位置通过平面 AC 压强分布图的形心。

2. 作用在曲面上的静水总压力的垂直分力 F_{Pz}

作用在曲面闸门上的静水总压力的垂直分力 F_{Pz} 等于压力体的水重，即为曲面所对应的压力体乘水的容重，如图 2.27 （b） 所示，大小计算公式为

$$F_{Pz}=G=\gamma V \qquad (2.13)$$

式中　V——表示宽度为 b、截面为 $ABNM$ 的水体体积，通称为压力体。

（1） 压力体的构成：压力体由受压曲面、自由液面或其延长面、过受压面周界的铅垂面围成。

（2） 静水总压力垂直分力的方向：当压力体与受压面（与水接触的面）位于曲面的同侧时，压力体中有水的是实压力体，F_{Pz} 的方向向下，如图 2.28 （a） 所示；当压力体与受压面（与水接触的面）位于曲面的两侧时，压力体中无水的是虚压力体，

F_{Pz} 的方向向上，如图 2.28（b）、（e）所示；当曲面两侧都有水，则应根据水压力体大的一方确定静水总压力的方向，如图 2.28（c）所示；当存在多个曲面，可以分段求压力体，再合成，如图 2.28（d）所示。

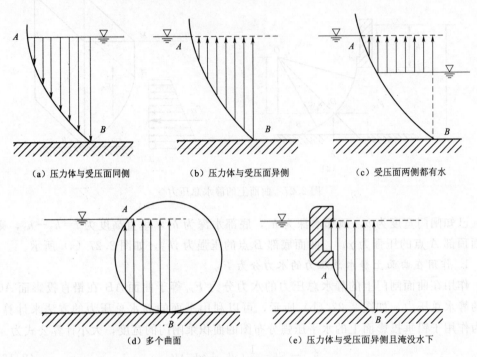

（a）压力体与受压面同侧　　（b）压力体与受压面异侧　　（c）受压面两侧都有水

（d）多个曲面　　（e）压力体与受压面异侧且淹没水下

图 2.28　压力体

3. 作用在曲面闸门上的静水总压力 F_P

曲面闸门上静水总压力的大小为

$$F_P = \sqrt{F_{Px}^2 + F_{Pz}^2} \tag{2.14}$$

曲面闸门上静水总压力 F_P 的作用线与水平线的夹角 α 为

$$\alpha = \arctan \frac{F_{Pz}}{F_{Px}} \tag{2.15}$$

静水总压力 F_P 的作用线通过 F_{Px} 与 F_{Pz} 的交点作用于曲面 D 点，D 点即为静水总压力 F_P 在曲面 AB 上的作用点，称为压力中心。

过 D 点总压力 F_P 的作用线通过圆心 O 点，则压力中心至轴心 O 的铅垂距离以 z_D 表示，利用图 2.27（a）中的三角形 ODF 可得

$$z_D = R\sin\alpha \tag{2.16}$$

2.5　拦河坝水力计算案例

2.12 Ⓟ

拦河坝水力
计算案例

2.5.1　资料及任务

某水利枢纽一非溢流混凝土重力坝断面如图 2.29 所示，为校核坝的稳定性，试

分别计算下游有水和无水两种情况下，作用于 1m 长坝体上的水平水压力与垂直水压力。

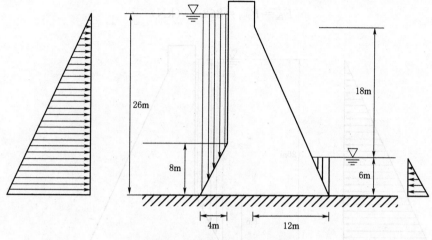

图 2.29 下游有水的重力坝断面

2.5.2 水压力计算

1. 下游有水

下游有水时，画出坝面的水平水压力和垂直水压力分布图，如图 2.29 所示，分别计算水平水压力与垂直水压力。

上游水平水压力为

$$F_{Px1}=S_1 b=\frac{1}{2}\times 9.8\times 26^2\times 1=3312.4 \text{ (kN)}$$

上游垂直水压力为

$$F_{Pz1}=\gamma V_1=9.8\times\frac{1}{2}\times(26+18)\times 4\times 1=862.4 \text{(kN)}$$

下游水平水压力为

$$F_{Px2}=S_2 b=\frac{1}{2}\times 9.8\times 6^2\times 1=176.4 \text{(kN)}$$

下游垂直水压力

$$F_{Pz2}=\gamma V_2=9.8\times\frac{1}{2}\times\left(\frac{12}{18}\times 6\right)\times 6\times 1=117.6 \text{(kN)}$$

坝体水平水压力

$$F_{Px}=F_{Px1}-F_{Px2}=3312.4-176.4=3136 \text{ (kN)}$$

坝体垂直水压力

$$F_{Pz}=F_{Pz1}+F_{Pz2}=862.4+117.6=980 \text{ (kN)}$$

2. 下游无水

下游无水时，画出坝面的水平水压力和垂直水压力分布图，如图 2.30 所示。因下游无水，故上游水压力就是坝体水压力。

坝体水平水压力

$$F_{Px} = F_{Px1} = 3312.4 \ (kN)$$

坝体垂直水压力

$$F_{Pz} = F_{Pz1} = 862.4 \ (kN)$$

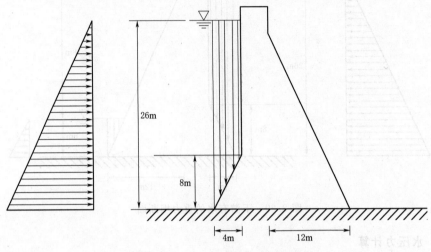

26m

8m

4m　　12m

图 2.30　下游无水的重力坝断面

阅读材料

静 水 压 强 应 用 趣 闻

阅读链接：液压起重机的原理

今天，在停车场或者加油站，都可以看到液压起重机，利用它只需使出一个孩子的力气就能将一辆汽车抬起来。让我们看看这种器械是如何工作的，并设法自己制作一个器械以供实验之用。

如图 2.31 所示，用一根管将两个充满油的容器连起来，其中一个容器截面很大，另一个容器截面则很小，假设它是前一个截面面积的 1/10000。如果用一个活塞 A 向下压截面小的容器液面，液体就受到了一个压力，这个压力的强度会按照原来的大小传递到液体表面的任何其他部分，当然也包括在大截面容器里与活塞 B 接触的液体的表面。压强等于作用力除以作用面积。

根据静压传递的原理，活塞 A 下的压强与活塞 B 下的压强相等，又由于活塞 B 下的面积比活塞 A 下的大 1000 倍，在它上面的作用力就应比在 A 上的作用力也大1000 倍。因此，为了将一辆 1t 重的汽车抬起来，只要 1kg 的作用力就够了。液压制动器、压缩机、汽车的千斤顶、水泵等许多器械都得益于这一原理。

动手做一做：验证压强传递原理的小实验

利用两个去掉了针头的注射器，就可以在家里制作一个小型液压装置。比如，用一个截面为 $5cm^2$ 输血用的粗注射器和一个截面为 $0.5cm^2$ 的很小的注射器，将它们的开口用又粗又短的管子连起来。将水灌满注射器，即两个活塞中间的全部空间，注意将气泡排除掉。然后请你的朋友用大拇指挤压两个活塞中的一个，你同时用大拇指挤压另一个活塞。我们可以将这个小小的游戏取名为"大拇指的较量"。当然，谁挤压细小的注射器，谁就会不费力气地取胜。

如果你有一定的创造力和做实验的才能，就可以用一个称东西的磅秤，如图 2.32 所示，去测量挤压两个活塞中的一个时所施加的压力（用一个重量比活塞与注射器管壁之间的摩擦力大的砝码给小活塞加压），看看两边的压力是否相等。

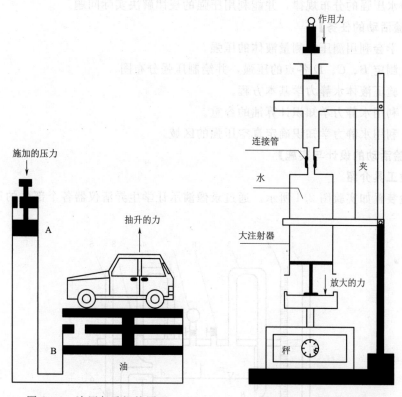

图 2.31　液压起重机的原理　　　　　图 2.32　压强传递原理

最后，如果你想验证作为压力器的这种装置的效能，可在磅秤盘子与大活塞之间放上一个核桃：你将会看到，挤压一下小注射器的活塞就能轻易地将核桃压碎。

魔术表演："我是一个大力士。"

准备好一个充满液体的封闭木桶（不要留有空气，因为空气在压力下会被压缩），就可以开始向你的朋友们演示了。将盛满液体的木桶和一支同样也灌满液体的小注射器用小管子连起来，你将看到后两者能将木桶瞬间击碎。我们试着算一笔账：一支截面为 $0.5cm^2$ 的普通注射器，用大拇指施加在活塞上的压力为 20kg（用磅秤验证一下，达到此重量并不难），结果出来的压强竟是 40 个大气压！很少有木桶能承受住这样的压强。一位农民也发现了这种现象。他想通过一根很长的细管子将珍贵的葡萄酒从自己的乡间农舍输送到低30多米的山脚下的一位朋友家里。开始一切都很顺利，朋友家的酒桶灌满了葡萄酒，但随着管子内液体的压力增大，很快将木桶撑破，葡萄酒浸泡了房子。

活 动 与 探 究

活 动 测 算 静 水 压 强

【实验活动背景】

在研究与水有关的建筑物的设计、施工、管理时，通常需要知道水荷载的作用情况，即静水压强的分布规律，并能利用压强的规律解决实际问题。

【实验活动的任务】

（1）学会利用测压管测量液体的压强。

（2）测定 B、C、D 各点的压强，并绘制压强分布图。

（3）验证液体水静力学基本方程。

（4）利用水静力学知识计算油的容重。

（5）利用水静力学知识确定真空压强的区域。

【实验活动的设计与实施】

实验工具介绍

2.13 ▶

静水压强
测算实验

实验装置如实验图 2.1 所示。通过录像演示让学生弄清仪器各个部件的组成及其用法。

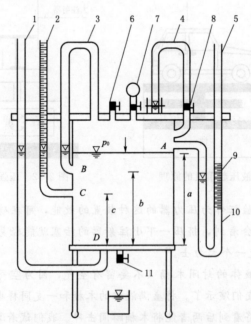

实验图 2.1 液体静水压强实验装置图

1—测压管；2—带标尺测压管；3—连通管；4—真空测压管；5—U形测压管；6—通气阀；
7—加压打气球；8—截止阀；9—油柱；10—水柱；11—减压放水阀

说明

（1）所有测压管液面标高均以标尺（测压管 2）零读数为基准。

（2）仪器铭牌所注 ∇_B、∇_C、∇_D 系测点 B、C、D 标高；若同时取标尺零点作为水静力学基本方程的基准，则 ∇_B、∇_C、∇_D 也为 Z_B、Z_C、Z_D。

（3）本仪器中所有阀门旋柄顺管轴线为开。

动手试一试，回答以下问题

（1）如何关闭和开启阀门？

（2）如何给密闭容器加压？

（3）如何给密闭容器减压？

（4）如何检查仪器的密闭容器部分是否密封？

（5）加压和减压状态下，观察 B、C、D 三点测压管高度有什么变化？为什么？

量测点静水压强

请利用液体静水压强实验装置设计实验方案并完成实验，通过量测点的静水压强验证在重力作用下不可压缩液体水静力学基本方程和压强分布规律。

（1）打开通气阀 6（此时 $p_0=0$），记录水箱液面标高 ∇_0 和测压管 2 液面标高 ∇_H（此时 $\nabla_0 = \nabla_H$）。

（2）关闭通气阀 6 及截止阀 8，加压使之形成 $p_0>0$，测记 ∇_0 及 ∇_H。

（3）打开放水阀 11，使之形成 $p_0<0$，测记 ∇_0 及 ∇_H。

注意：正确的读数姿势为眼睛平齐水面，正确读数位置为水的凹面底部。

实验成果整理

（1）记录有关常数。 　　　　　　　　　　　实验装置台号 No. _____

各测点的标尺读数为

$\nabla_B =$ _____ cm，$\nabla_C =$ _____ cm，$\nabla_D =$ _____ cm，$\gamma_w =$ _____ N/cm³。

（2）将测得数据填入实验表 2.1，计算出 A、B、C、D 点的压强水头和测压管水头。

（3）利用测得数据，计算出 $p_0=0$ 时 A、B、C、D 四点的压强，观察 A、B、C、D 点的压强大小与位置的关系。

（4）选择一基准检验同一静止液体内的任意两点 C、D 的 $\left(Z+\dfrac{p}{\gamma}\right)$ 是否为常数。请仔细观察表 2.1，并举例说明。

（5）观察 $p_0<0$ 时 A 点出现最大真空度时的真空压强数值，分析密闭水箱内的真空区域。

实验表 2.1　　　　　　　　　**液体水压强测量记录计算表**

实验条件	次序	水箱液面 ∇_0	测压管液面 ∇_H	压 强 水 头				测 压 管 水 头	
				p_A/γ	p_B/γ	p_C/γ	p_D/γ	Z_C+p_C/γ	Z_D+p_D/γ
$p_0=0$	1								
$p_0>0$	1								
	2								
	3								

实验条件	次序	水箱液面 ▽	测压管液面 ▽H	压强水头				测压管水头	
				p_A/γ	p_B/γ	p_C/γ	p_D/γ	Z_C+p_C/γ	Z_D+p_D/γ
$p_0<0$	1								
	2								
	3								

静水压强的应用——测定油的比重 S_o

另对装有水油（实验图 2.2 及实验图 2.3）的 U 形测管，应用等压面原理可得油的比重 S_o 有下列关系：

$$S_o=\frac{\gamma_o}{\gamma_w}=\frac{h_1}{h_1+h_2}$$

据此可用仪器（不另外用尺）直接测得 S_o。

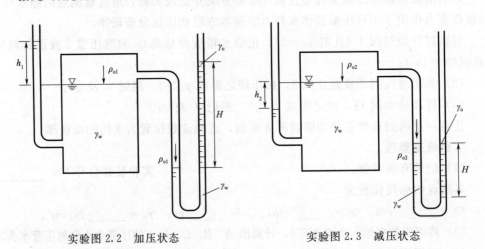

实验图 2.2　加压状态　　　　　　　　　实验图 2.3　减压状态

实验前请同学们思考

根据油比重 S_o 的计算公式，如何求得油的容重？请换算出油容重的计算公式。

实验过程中请同学们思考

（1）如何测定 h_1 的大小？

操作指南：开启通气阀 6，测记水箱液面标高 ▽；关闭通气阀 6，打气加压（$p_0>0$），微调放气螺母使 U 形管中水面与油水交界面齐平（实验图 2.2），测记测压管 2 液面标高 ▽H。

（2）如何测定 h_2 的大小？

操作指南：打开通气阀，待液面稳定后，测记水箱液面标高 ▽；关闭所有阀门；然后开启放水阀 11 降压（$p_0<0$），使 U 形管中的水面与油面齐平（实验图 2.3），测记测压管 2 液面标高 ▽H。

注意：为保证测得数据 h_1 和 h_2 的准确性，此过程可反复测试三次，取其平均值作为 h_1 和 h_2 的计算值。

实验成果整理

(1) 记录有关常数 (实验表 2.3)。　　　　　　　　实验装置台号 No.

$\gamma_w =$ _____ N/cm³。

(2) 求出油的容重。　$\gamma_o =$ _____ N/cm³。

实验表 2.2　　　　　　　　**油容重测量记录计算表**

实验条件	次序	水箱液面标尺读数 ∇_0	测压管液面标尺读数 ∇_H	$h_1 = \nabla_H - \nabla_0$	H_1 (平均)	$h_2 = \nabla_0 - \nabla_H$	H_2 (平均)	S_o
$p_0 > 0$ 且 U 形管中水面与油水交界面齐平	1							
	2							
	3							$S_o =$
$p_0 < 0$ 且 U 形管中水面与油水交界齐平	1							$\gamma_o =$ ____ N/cm³
	2							
	3							

实验图 2.4　茶壶

【实验分析与交流】

1. 若再备一根直尺，试采用另外最简便的方法测定 γ_w?

2. 在日常生活或工作中，使用的测压管不能太细，为什么?

3. 过 C 点作一水平面，相对管 1、2、5 及水箱中液体而言，这个水平面是不是等压面? 哪一部分液面是同一等压面?

4. 你能说一说下图的小茶壶有什么不符合常规的地方吗? 请用等压面的原理分析。

【实验归纳与整理】

通过实验测量不同水深的静水压强，验证静水压强的分布规律: 静水压强的大小与水深成正比; 同一条件下，测压管水头为常数; 另外，还可以利用压强的特点确定油的容重 γ_o。

习　题　2

2.1　判断题

1. 相对压强必为正值。　　　　　　　　　　　　　　　　　　　　　　(　　)

2. 矩形面板上的静水总压力作用点与受压面的形心点重合。　　　　　　(　　)

3. 均质连续静止液体内任何一点的测压管水头等于常数。　　　　　　　(　　)

4. 静水总压力的压力中心就是受力面面积的形心。　　　　　　　　　　(　　)

5. 静水压强相同的点所构成的平面或曲面称为等压面。　　　　　　　　(　　)

2.2　选择题

1. 静止液体中同一点各方向的静水压强 (　　)。

A. 大小相等　　　　　　　　　　　　B. 大小不等

C. 仅水平方向数值相等　　　　　　D. 铅直方向数值为最大

2. 液体只受重力作用，则静止液体中的测压管水头线是（　　）。

A. 曲线　　　　　B. 水平线　　　　　C. 斜线　　　　　D. 抛物线

3. 大气压强用绝对压强来表示，其大小等于（　　）。

A. 0　　　　　　B. 98kPa　　　　　C. 9.8kPa　　　　　D. 100kPa

4. 某点存在真空时，（　　）。

A. 该点的绝对压强为正值　　　　　　B. 该点的相对压强为正值

C. 该点的绝对压强为负值　　　　　　D. 该点的相对压强为负值

5. 液体中某点的绝对压强为 88kN/m²，则该点的相对压强为（　　）。

A. 10kN/m²　　　　B. −10kN/m²　　　　C. 12kN/m²　　　　D. −12kN/m²

2.3　填空题

1. 0.6 个工程大气压等于_____ m 水柱高，等于_____ kPa。

2. 真空值为 10kPa 时，其相对压强为_____ kPa，其绝对压强为_____ kPa。

2.4　简答题

1. 压强的定义是什么？

2. 试述静水压强的两个特性。

3. 静水压强基本公式有哪两种形式？各式表达的意义是什么？

4. 何谓连通器原理？题图 2.1 中所绘的水平面 A-A、B-B、C-C 是否为等压面？

5. 何谓绝对压强、相对压强和真空压强？写出三者的关系式。

6. 如题图 2.2 所示，为什么测压管中液面会高于容器 N 的水面？测压管液面上升的高度表示的是什么？

7. 静水压强的单位有哪几种？它们之间的换算关系怎样？

8. 写出作用在平面上的静水总压力大小、方向、作用位置的确定方法。

9. 简单叙述压力体的绘制过程和判断铅垂作用力方向的方法。

10. 如何确定作用在曲面上静水总压力的水平分力与铅垂分力的大小、方向和作用线的位置。

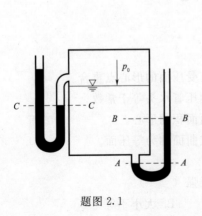

题图 2.1

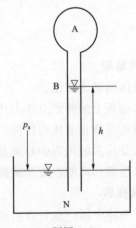

题图 2.2

2.5　计算题

1. 如题图 2.3 所示水银测压计，已知 $h=0.6$m，$a=0.1$m，$h_A=0.3$m。推算 A 点的压强 p_A 和表面压强 p_0。

2. 题图 2.4 所示，已知水深 $h_1=0.5$m，水深 $h_2=1.0$m，问：A、B、C、D、E 各点的静水压强值是多少（以各种单位表示），并绘出静水压强的方向。

3. 如题图 2.5 所示，已知 $z=1$m，$h=2$m，求 A 点的绝对压强、相对压强及真空压强。

4. 如题图 2.6 所示，某密闭水箱，液面的绝对压强为 $p_0=70$kN/m^2，求液面下淹没水深 h 为 2m 点 C 处的绝对压强、相对压强和真空压强。

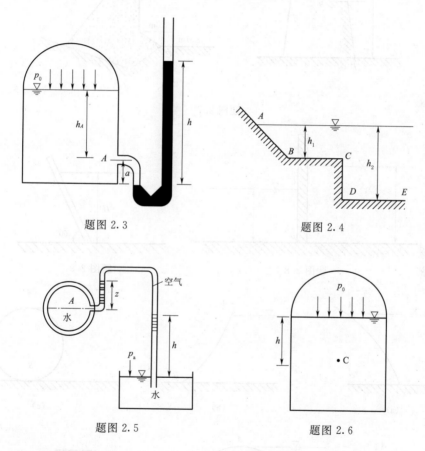

题图 2.3　　　　　　　　　　题图 2.4

题图 2.5　　　　　　　　　　题图 2.6

5. 试绘制题图 2.7 中挡水面 $ABCD$ 上的压强分布图。

6. 某铅直矩形闸门如题图 2.8 所示，宽度 $b=2$m，上游水深 $h_1=3$m，下游水深 $h_2=2$m，求该闸门的静水总压力。

7. 渠道上有一平面闸门如题图 2.9 所示，宽 $b=4.0$m，闸门在水深 $H=2.5$m 下工作。求：当闸门斜放 $\alpha=60°$ 时受到的静水总压力；当闸门铅直时所受的静水总压力。

8. 画出题图 2.10 中各个曲面上的压力分布图，并指出垂直压力的方向。

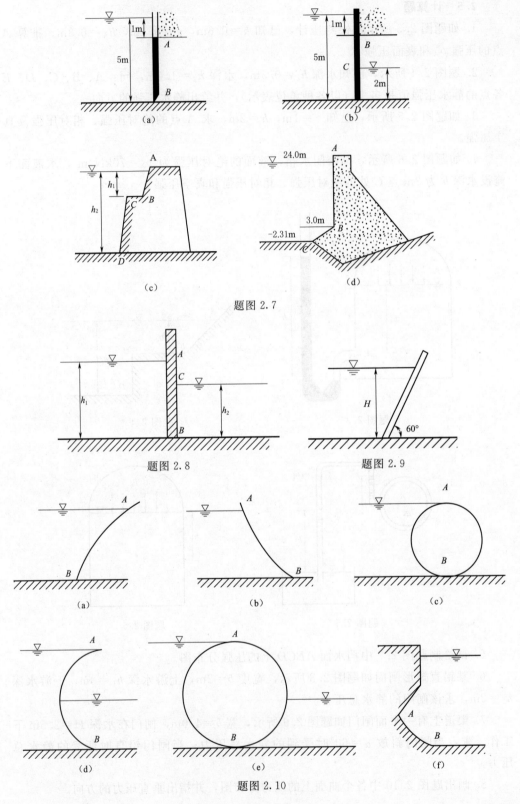

题图 2.7

题图 2.8

题图 2.9

题图 2.10

9. 弧形闸门 AB 如题图 2.11 所示，其半径 $R=2.0$m 的圆柱面的 1/4，闸门宽 $b=$ 4m，圆柱面挡水深 $h=2.0$m，求作用在 AB 面上的静水总压力和压力中心。

10. 某弧形闸门 AB 如题图 2.12 所示，宽 $b=4$m，圆心角 $\varphi=\angle AOB=45°$，半径 $R=2$m，闸门的转轴与水面齐平，求作用在闸门上的静水总压力。

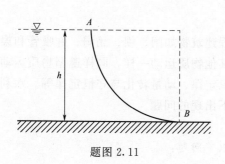

题图 2.11

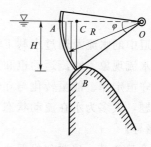

题图 2.12

第3章 水流运动的基本规律

天然河道中的水流及通过水利工程建筑物如闸、坝、涵洞、虹吸管和渠道中的水流是常见的水流现象。水流运动也和其他物质运动一样，同样遵循物质运动的普遍规律，如质量守恒定律、能量转化与守恒定律、动量转化与守恒定律等。水利工作者经常遇到的问题，大多为水在流动状态下出现的问题。

【学习指导】

通过本章的学习，同学们能解决以下问题：

1. 水流运动的基本概念及分类。
2. 过水断面、流量与断面平均流速的概念。
3. 恒定流的连续性方程及其应用。
4. 恒定流的能量方程及其应用。
5. 恒定流的动量方程及其应用。

3.1 水流运动的基本概念及分类

3.1.1 基本概念

3.1 ⑫

水流运动的
基本概念

3.2 ⑪

水流运动的基
本概念测试

例如一河渠水流，在水面上投放许多浮标，借助浮标可以看出某一浮标在水面随水流流动所途经的路线就是一个轨迹，或者可以看出在某一瞬时水面各点水流运动方向和速度。如果对众多浮标在同一时刻进行照相，把流动趋势的浮标按一定规律连成一条条的线，那结果是怎样的呢？

研究水流运动规律有两种方法：一种方法是跟踪每个水质点，观察它们在运动过程中运动要素（如速度、压强等）的变化情况。如果把水流质点在运动过程中不同时刻所经过的位置描绘出来，就得到水流质点运动的轨迹，称为迹线。就像所讨论的某一浮标在水面随水流流动所途经的路线就是一个轨迹，由于质点运动的轨迹十分复杂，而且水流中又有为数极多的质点，显然，用这种方法来研究水流运动是非常困难的。

另一种方法是只研究水流中各个不同水流质点在同一瞬间通过固定的空间点时的运动情形。这时不再跟踪每个水流质点，而着重研究流场中各空间点上流速、压强的变化情况。如果在河渠水流中对众多浮标在同一时刻进行照相，把流动趋势的浮标按一定规律连成一条条的线，这些线就是流线，如图3.1所示。因此，流线是同一瞬时不同水体质点的运动方向所描绘的曲线。在该曲线上每个水体质点的速度方向都与曲线相切。故流线上任一点的切线方向就是该点的流速方向。一般情况下，同一时刻的不同流线既不能相交，也不能转折，只能是一条光滑曲线，如图3.2所示。

探究：（1）两条流线为什么不能相交？

　　　　（2）一条流线为什么不能转折？

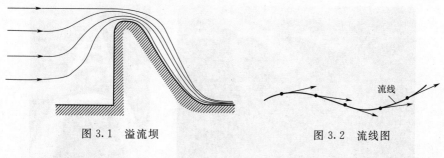

图 3.1　溢流坝　　　　　　　　　　　　　　　图 3.2　流线图

3.1.2　水流运动的分类

为便于分析和研究水流问题，在水力学中常根据水流的性质和特点将水体的运动区分为各种流动类型。

1. 恒定流与非恒定流

如图 3.3 所示，侧壁开有小孔的两个水箱，水从孔口流出，水箱 A 的水能不断从进水管中得到补充，箱内水位始终保持不变，则从孔口流出的水流的形状和射程也保持不变；反之，水箱 B 的水不能从进水管得到补充，箱内水位不断下降，那么从孔口流出的水流的形状和射程随之变化。

结论：根据在固定的空间点上水流运动要素（如流速、压强等）是否随时间变化，可以把水流运动分为恒定流和非恒定流。**运动要素不随时间变化的水流叫恒定流。至少有一个运动要素随时间变化的水流叫非恒定流。**

所以，从水箱 A 流出的水流是恒定流，而从水箱 B 流出的水流是非恒定流。

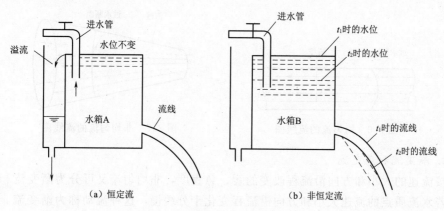

图 3.3　侧壁有小孔的两个水箱

2. 均匀流和非均匀流

看看下面两幅图的水流有何不一样？

图 3.4 为天然河道，曲曲折折，河道断面形状、尺寸沿水的流程不断地变化，同时

河道中水流的速度及水深沿水的流程不断地变化。图 3.5 为人工修建的引水渡槽，河道断面形状、尺寸沿水的流程不变，同时渡槽中水流的速度及水深沿水的流程也不变。

图 3.4　天然河道　　　　　　　　图 3.5　人工渡槽

在水力学中，根据水流的运动要素（主要是流速及水深）是否沿流程变化，又把恒定流分为均匀流和非均匀流。

流速沿程没有变化的水流叫均匀流。在均匀流中，流速沿程不变，即流速大小不变，方向也不变，所以均匀流中的流线是彼此平行的直线。如图 3.6 所示，就是均匀流的例子。在比较长直、断面不变、底坡不变的人工渠道或直径不变的长直管道里，除入口或出口受外面水位的影响外，其余部分的流速在各断面一样，这种水流也是均匀流。

流速沿程有变化的水流叫非均匀流。在非均匀流中流速沿流程变化，流线不是平行的直线，一般是一组曲线。在宽度和深度沿程变化的天然河道，其流速也必然沿流程有所变化，这也属非均匀流，如图 3.7 所示。

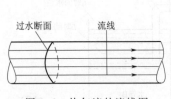
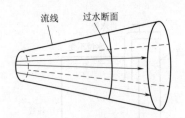

图 3.6　均匀流的流线图　　　　　图 3.7　非均匀流的流线图

3. 渐变流和急变流

按流速的大小和方向沿流程改变的缓、急程度，非均匀流又可分为渐变流和急变流。若水流质点的流速大小和方向沿流程变化十分缓慢，这种流动称为渐变流。渐变流的一个重要特点是过水断面上动水压强的分布近似地符合静水压强分布规律。渐变流的流线近似直线且几乎平行，它的极限状态就是均匀流。图 3.8 中 A、C、E 三段，均为渐变流。工程上绝大多数水流是非均匀流，其中大部分是非均匀渐变流，在工程应用中可按照均匀流计算规则来处理。

若水流质点的流速大小或方向沿流程变化十分显著，这种流动称为急变流。

图 3.8 中 B、D 两段，均为急变流。

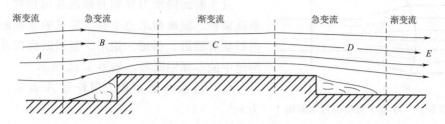

图 3.8 渐变流和急变流

4. 有压流和无压流

让我们来观察一下自来水管中的水流和明渠中水流流动的特征。

促使水流发生运动的动力有两个：一是压力的作用，比如自来水管中的水流就是在压力的作用下发生流动，如图 3.9 所示；二是水体本身重力的作用，比如明渠中水流就是依靠自身的重力作用发生流动，如图 3.10 所示。有压流和无压流就是根据促成水流运动的主要力量来划分的。

图 3.9 自来水管水流 　　　　　　　　图 3.10 明渠水流

有压流是指主要因受压力作用而发生运动的水流，如自来水管中的水流。其特征是水流充满整个管道，不存在自由面。

无压流是指主要因受重力作用而发生流动的水流。其特征是具有自由面，作用在自由面上的压强只有大气压强。如渠道、未充满水的管道水流，都是无压流，又称明渠水流。

3.1.3 过水断面及水力要素

1. 过水断面

过水断面是指与水流方向垂直的横断面。显然，在流线平行的情况下，过水断面是平面；若流线不平行，则是曲面。对于渐变流，流线近似于平行，过水断面也近似于平面。

画出图 3.11 中垂直于流线的过水断面，图中 $A-A$ 及 $B-B$ 过水断面为平面，$C-C$ 过水断面为曲面。

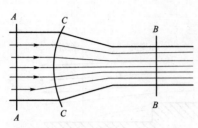

图 3.11 垂直于流线的过水断面

2. 过水断面的水力要素

过水断面的水力要素有断面几何形状、过水断面面积、湿周和水力半径。常见的水流断面几何形状有圆形、梯形、矩形、复式断面以及天然河道中的不规则断面，如图 3.12 所示。

（1）过水断面面积。用符号 A 表示，单位为 m^2。

直径 d 的圆形断面 [图 3.12 （a）]，$A = \frac{\pi}{4} d^2$。

梯形断面 [图 3.12 （b）]，$A = (b + mh)h$；其中 b 为底宽，h 为水深，m 为边坡系数，$m = \cot\alpha$。

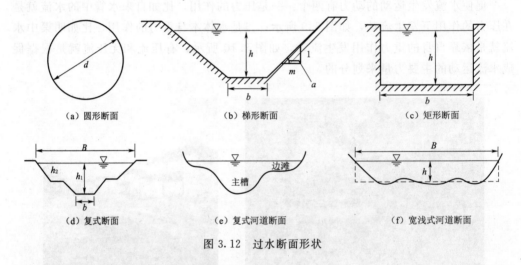

（a）圆形断面　　　　　（b）梯形断面　　　　　（c）矩形断面

（d）复式断面　　　　（e）复式河道断面　　　（f）宽浅式河道断面

图 3.12 过水断面形状

矩形断面 [图 3.12 （c）]，$A = bh$。

复式断面 [图 3.12 （d）] 可按断面几何形状划块进行计算。

天然河道断面形状总是不规则的。对于图 3.12 （e）所示的复式河道断面可按断面几何形状划块进行近似计算，对于图 3.12 （f）所示的宽浅式河道断面，可近似地用水深 h 和水面宽 B 组成的矩形来计算过水断面面积，$A = Bh$，其中 h 为断面平均水深，B 表示水面宽度。

（2）湿周。水流在过水断面中与固体边界接触的周界线叫湿周，以 χ 表示。

圆形断面湿周 $\chi = \pi d$；

梯形断面湿周 $\chi = b + 2h\sqrt{1 + m^2}$；

矩形断面湿周 $\chi = b + 2h$；

对于宽浅断面，若水面宽 B 远大于水深 h 时，则湿周可近似等于水面宽，即 $\chi \approx B$。

（3）水力半径。过水断面面积 A 与其湿周 χ 的比值称为水力半径，用 R 表示，即

$$R = \frac{A}{\chi} \tag{3.1}$$

对于宽浅断面，$R \approx h$。

水力半径是过水断面的一个重要的水力要素，同样的过水面积，水力半径愈大，愈有利于过流。

梯形断面的水力要素为

面　　积　$A = (b+mh) h$

水面宽度　$B = b+2mh$

湿　　周　$\chi = b+2h \sqrt{1+m^2}$

水力半径　$R = \dfrac{A}{\chi} = \dfrac{(b+mh) h}{b+2h \sqrt{1+m^2}}$

矩形断面常用于石渠、混凝土衬砌渠或渡槽，矩形断面的水力要素可将梯形断面的边坡系数 m 取零而得，即

面　　积　$A = bh$

水面宽度　$B = b$

湿　　周　$\chi = b+2h$

水力半径　$R = \dfrac{bh}{b+2h}$

3.1.4 过水断面的流量和平均流速

用图 3.13 所示的实验用具（一块秒表、一个量筒），测量供水管水龙头的出流量。

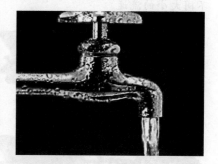

图 3.13 实验室测流量用具

流量是指单位时间内通过某一过水断面的水体体积，用 Q 表示，常用单位是 m^3/s 或 L/s。

每秒钟内通过断面上一个单位宽度上的水量称为单宽流量，用 q 表示，m^2/s。

过流断面上各点的流速是不等的，靠近固体壁面的流速较小，远离固体壁面的流速较大，如图 1.13 （a）所示，所以常用一个平均值来代替各点的实际流速。因此，断面平均流速是过水断面上各点流速的平均值，用 v 表示，常用单位是 m/s 或 cm/s，计算公式为

$$v = \frac{Q}{A} \tag{3.2}$$

式中　Q——流量，m^3/s；

　　　A——过水面积，m^2；

　　　v——断面平均流速，m/s。

【**例 3.1**】　某一矩形断面渠道，底宽 $b=2\text{m}$，水深 $h=1.5\text{m}$，求：（1）过水断面面积 A，湿周 χ 及水力半径 R；（2）若通过的流量为 $6\text{m}^3/\text{s}$，求断面平均流速 v。

解：（1）$A=bh=2\times1.5=3$（m^2）

$$\chi=b+2h=2+2\times1.5=5\text{（m）}$$

$$R=\frac{A}{\chi}=\frac{3}{5}=0.6\text{（m）}$$

（2）$v=\dfrac{Q}{A}=\dfrac{6}{3}=2$（$\text{m}/\text{s}$）

课上测验：

1. 有一圆形断面，管径 $d=2\text{m}$，通过的流量为 $6\text{m}^3/\text{s}$，求水力半径和断面平均流速。

2. 有一梯形断面，下底宽 $B=2\text{m}$，水深 $h=3\text{m}$，边坡系数 $m=0.5$，断面通过的流量为 $6\text{m}^3/\text{s}$，求水力半径和断面平均流速。

工程应用

河道的平均流速和流量的测定

1. 设备：流速仪。如图 3.14 所示，旋杯式流速仪和旋桨式流速仪分别用于测量不同大小的流速。

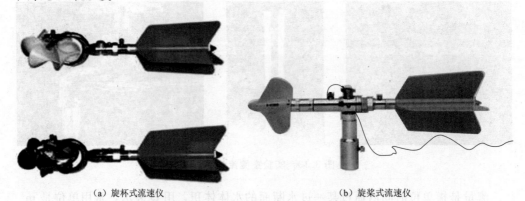

（a）旋杯式流速仪　　　　　　　　　（b）旋桨式流速仪

图 3.14　旋杯式流速仪和旋桨式流速仪

2. 原理：根据平均流速的定义，$v=\dfrac{Q}{A}$，利用流速仪测定河道断面各点的流速，然后计算平均值，得到河道的平均流速。采用平均流速定义的改变形式 $Q=Av$，计算出河道的过水断面流量。

3. 三点法测定平均流速：某河道如图 3.15（a）所示，水深为 h，河道同一断面上，各点的流速不同，其分布规律如图 3.15（b）所示，根据经验可知，只要分别测量出水深为 $0.2h$、$0.6h$、$0.8h$ 三点处的流速，得到的平均值为该河道断面的平均流速。

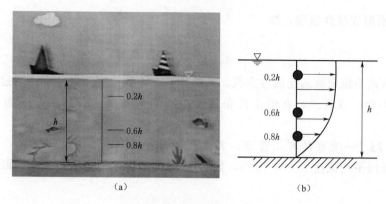

（a） （b）

图 3.15 三点法测定平均流速

4. 请大家到水文站参观、调查，了解水文站河道的其他类型的测速和测流量的方法。

3.2 恒定流的几个基本方程式

恒定流的几个基本方程式，即连续性方程式、能量方程式、动量方程式。它们是分析实际水流运动最重要的基础理论知识。

3.2.1 恒定流的连续性方程

提问：在水泵正常运行的情况下（图 3.16），进水管的进水流量与出水管的出水流量是否相同？

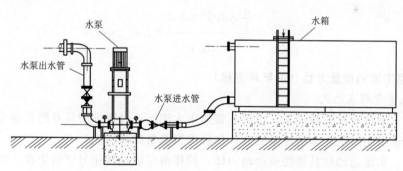

图 3.16 水泵正常运行状态

分析：任何物质运动都遵守质量守恒定律，在运动过程中，物质既不能增加，又不会减少，其质量保持不变，这个道理是很好理解的。和其他物质一样，水流运动也同样遵循质量守恒定律，水流的连续性方程就是在此定律的基础上建立起来的。

结论：连续性原理是指在恒定流情况下，通过各断面的流量保持不变。如图 3.17 所示，在管流中选取两过水断面 A-A 和 B-B，过水面积分别为 A_1 和 A_2，平均流速分别为

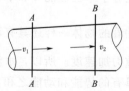

图 3.17 连续性原理

3.3 ℗

恒定流的几个基本方程式

3.4 ▣

恒定流的几个基本方程式测试

v_1 和 v_2，根据连续性原理，知

$$Q_1 = Q_2 \tag{3.3}$$
$$A_1 v_1 = A_2 v_2 \tag{3.4}$$

上述两式是恒定流的连续性方程。其物理意义为在恒定流条件下，通过各断面的流量保持不变；或者说，在恒定流条件下，断面平均流速与过水断面面积成反比关系。

【例 3.2】 一变直径有压管道，大管直径 $d_1 = 300\text{mm}$，小管直径 $d_2 = 100\text{mm}$，已知第一断面平均流速 $v_1 = 0.2\text{m/s}$，如图 3.18 所示，试求流量 Q 及第二断面平均流速 v_2。

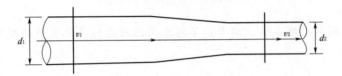

图 3.18　变直径有压管道

解： 两过水断面面积分别为 $A_1 = \dfrac{\pi}{4} d_1^2$　$A_2 = \dfrac{\pi}{4} d_2^2$

则 $A_1 = \dfrac{\pi}{4} \times 0.3^2 = 0.071$（$\text{m}^2$）

而流量 $Q = A_1 v_1 = 0.071 \times 0.2 = 0.014$（$\text{m}^3/\text{s}$）

根据连续性方程　　$A_1 v_1 = A_2 v_2$

$$v_2 = \frac{A_1 v_1}{A_2} = \frac{\dfrac{\pi}{4} \times 0.3^2 \times 0.2}{\dfrac{\pi}{4} \times 0.1^2} = 1.8 \text{（m/s）}$$

3.2.2　恒定流的能量方程（伯努利方程）

1. 能量方程表达式

提问： 通过观察实验现象，恒定流管道中水流运动过程中所具有的总能量有什么变化？总能量由哪些类型的能量组成？各种类型能量如何转换？

分析： 水流运动和其他物质运动一样，同样遵守能量转化与守恒定律。恒定流的能量方程就是能量转化与守恒定律在水流运动中的具体表达形式。

不论是静止的水还是流动的水，都具有能量。处于静止状态的水所具有的单位势能等于单位位能 z 和单位压能 $\dfrac{p}{\gamma}$ 之和。对于流动的水体，它不但具有势能，与其他运动着的物体一样还具有动能。单位动能以 $\dfrac{v^2}{2g}$ 表示，其中 v 为水流中某点的流速，g 为重力加速度。所以，水流运动时单位重量水体所具有的总能量应该是单位重量水体所具有的势能和动能之和，即

单位总能量＝单位势能＋单位动能

或　　　　　　单位总能量＝单位位能＋单位压能＋单位动能

3.5

能量变化
演示实验

现在，以管道中的恒定流为例，说明能量方程式各项的物理意义。如图3.19所示的管流中，0-0为基准面，1-1和2-2为任取的两个断面。

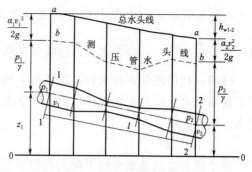

图 3.19 管道能量变化示意图

断面 1-1 的平均流速为 v_1，中心点的动水压强为 p_1，位置高度为 z_1，则断面 1-1 上单位重量水体总能量：

$$E_1 = z_1 + \frac{p_1}{\gamma} + \frac{\alpha_1 v_1^2}{2g}$$

断面 2-2 平均流速为 v_2，中心点的动水压强为 p_2，位置高度为 z_2，则断面 2-2 上单位重量水体总能量：$E_2 = z_2 + \dfrac{p_2}{\gamma} + \dfrac{\alpha_2 v_2^2}{2g}$

水流从断面 1-1 流到断面 2-2 过程中，必然要克服阻力，损失一部分能量，用 h_{w1-2} 表示，那么，根据能量转化与守恒定律知：$E_1 = E_2 + h_{w1-2}$

即
$$z_1 + \frac{p_1}{\gamma} + \frac{\alpha_1 v_1^2}{2g} = z_2 + \frac{p_2}{\gamma} + \frac{\alpha_2 v_2^2}{2g} + h_{w1-2} \tag{3.5}$$

式中　z——单位重量水体的位能，又称位置水头；

$\dfrac{p}{\gamma}$——单位重量水体的压能，又称压强水头；

$\dfrac{\alpha v^2}{2g}$——单位重量水体的平均动能，又称流速水头；

α——动能修正系数。由过流断面流速分布的不均匀程度而定，流速分布越均匀，α 值越接近于 1，流速分布越不均匀，α 值越大；一般计算中取 $\alpha=1.0$，即不详细考虑断面中流速分布的变化。

h_w——单位重量水体的能量损失，又称水头损失。

结论：式（3.5）就是恒定流的能量方程，又称伯努利方程式。它反映了在恒定流中，水流各种能量互相转化的规律。它实质上是能量转化和守恒定律在水力学中的表现形式，也是分析水流现象、解决工程实际问题的一个重要基本原理。

恒定流的能量方程中，各项都是单位重量水体的能量，它们都具有长度单位，因此就有可能用几何线段来表示，从而使水流能量转化的情况更形象地反映出来。

2. 总水头与测压管水头

图 3.19 是一段总流机械能转化的几何表示，先画出基准面和总流的中心线，为使各断面水流的能量有一个共同的基准，基准面应是水平面。总流各断面中心离基准面的高度就是位置水头 z，所以总流的中心线就表示位置水头 z 沿流程的变化。

在各断面的中心向上作铅垂线，截取高度等于中心点的压强水头 $\dfrac{p}{\gamma}$，得到测压管水头 $\left(z+\dfrac{p}{\gamma}\right)$，它就是断面上测压管水面离基准面的高度，把各断面的测管水头连起来，就是测压管水头线（如果是明渠，测压管水头线将与水面线重合）。

在测压管水头以上截取垂直高度等于流速水头 $\dfrac{\alpha v^2}{2g}$，就可得到该断面的总水头

$H = \left(z + \dfrac{p}{\gamma} + \dfrac{\alpha v^2}{2g} \right)$，各总水头的连线就是总水头线。

练习：利用能量方程试验，观察每个测压管测点的位置和其对应的测压管水头，分析测压管水头线的变化规律；观察每个测压管测点的位置和其对应的总水头，分析总水头线变化规律。

3. 水力坡度

两个断面之间总水头线下降的高度就是这两个断面之间的水头损失 h_w，由于实际水流总是有水头损失的，所以总水头线总是沿程下降的（除非有外加能量）。总水头线的坡度叫水力坡度，以 J 表示，它代表沿程单位距离上的水头损失。如果总水头线是倾斜的直线，则水力坡度可用下式计算。

$$J = \frac{h_w}{L} \tag{3.6}$$

式中　L——两断面间的距离，m；

　　　h_w——两断面间总水头损失，m。

由于势能和动能是可以互相转化的，所以测压管水头线可以沿流程降低也可以沿流程升高。

这种能量方程的图示方法可以清晰地表示出水流各项单位机械能沿流程转化的情况。

4. 能量方程的应用条件

能量的转化与守恒是自然界的普遍规律，但恒定总流的能量方程是在一定的条件下推导出来的，因此也就有一定的应用范围：

（1）水流是恒定流。所选取的两个过水断面必须是渐变流断面，两断面间的水体可以不是渐变流。

（2）在所选取的两个过水断面之间，没有流量加入或分出，即流量一定。

5. 应用能量方程的注意事项

应用恒定流能量方程式时应注意如下几点：

（1）基准面必须是水平的，可任意选择，但计算不同断面的位置高度 z 时，必须选取同一基准面。

（2）能量方程中的 $\dfrac{p}{\gamma}$ 项，可用绝对压强或相对压强，但对不同断面必须选用同一标准。

（3）在计算过水断面 $z + \dfrac{p}{\gamma}$ 时，理论上可任选断面上一点，实际上应以计算方便为准则。对于管道一般可选择管轴中心点，对于有自由面的断面，可选在自由面上，因该点相对压强为 0。

（4）列能量方程式时，应标明基准面、渐变流断面及势能计算点。

（5）所选的两个断面中，一般应有一个断面包含所求的物理量在内。这样便于应

用能量方程式来解决问题。

（6）应尽可能选择未知量较少的断面，这样便于方程求解。

能量方程中的水头损失的计算，是一个比较复杂的问题。水头损失一般可分为沿程水头损失和局部水头损失，将在后继章节中介绍。

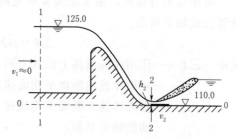

图 3.20 溢流坝溢流示意图

【例 3.3】 某溢流坝如图 3.20 所示，溢流坝水头损失 $h_{\mathrm{w}1-2}=0.1\dfrac{v_2^2}{2g}$，上游水面高程为 125m，下游底板高程为 110m，坝址处断面水深 $h_2=1.0\mathrm{m}$。求此断面平均流速 v_2。

解： 选取渐变流断面 1-1 及 2-2，过水断面 1-1 中，因水库过水面积很大，故 $v_1\approx 0$，1-1 及 2-2 断面上，水面均为大气压，相对压强为 0，故均选水面上一点为代表点。

若以下游底板为基准面，则

$$z_1=15\mathrm{m},\quad \frac{p_1}{\gamma}=0,\quad \frac{v_1^2}{2g}=0$$

$$z_2=1.0\mathrm{m},\quad \frac{p_1}{\gamma}=0$$

根据能量方程

$$E_1=E_2+h_{\mathrm{w}1-2}$$

$$z_1+\frac{p_1}{\gamma}+\frac{v_1^2}{2g}=z_2+\frac{p_2}{\gamma}+\frac{v_2^2}{2g}+0.1\frac{v_2^2}{2g}$$

$$15+0+0=1+0+1.1\frac{v_2^2}{2g}$$

$$v_2=\sqrt{\frac{2g\,(15-1)}{1.1}}=\sqrt{\frac{2\times 9.8\times 14}{1.1}}=15.8\ (\mathrm{m/s})$$

3.2.3 恒定流的动量方程

1. 动量方程原理

水流运动过程中，由于水流的流速、流量的变化，导致水流的动量发生改变，从而引起水流与固体壁面之间的作用力。如图 3.21 所示，水流通过弯管产生的作用力、射流产生的冲击力、泄流时水流对闸门和溢流坝的动水压力等，需要用动量方程进行求解。

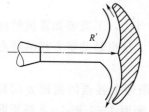
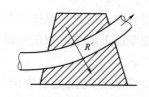
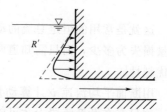

(a) 水流通过弯管产生的作用力　　(b) 射流产生的冲击力　　(c) 泄流时水流对闸门和溢流坝的动水压力

图 3.21 水流对建筑物的作用力

　　应用动量方程时，通常把需要研究的一段水流取作隔离体，如图 3.22 所示，其计算公式如下所示。

$$\sum \boldsymbol{F} = \rho Q(\beta_2 v_2 - \beta_1 v_1) \tag{3.7}$$

式中　$\sum \boldsymbol{F}$——作用在隔离体上的外力的合力；

　　　　v_2——隔离体流出断面平均流速；

　　　　v_1——隔离体流入断面平均流速；

　　β_1、β_2——动能修正系数；

　　　　Q——通过隔离体过水断面的流量；

　　　　ρ——隔离体的密度。

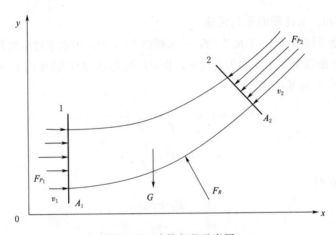

图 3.22　动量方程示意图

　　$\sum \boldsymbol{F}$ 包括隔离体所受的一切外力，上游水流作用在断面 1—1 上的动水总压力 $\boldsymbol{F}_{P_1}$，下游水流作用在断面 2—2 上的动水总压力 $\boldsymbol{F}_{P_2}$，隔离体的水重 G，边界对水流的反作用力 $\boldsymbol{F}_R$。应特别指出，$\sum \boldsymbol{F}$ 是所受各种力的合力，在求合力时，是求各力的矢量和，而不是求其代数和。其次，在求动量的变化量时，$(\beta_2 v_2 - \beta_1 v_1)$ 也是矢量差，为了便于计算，可按力学中求合力的办法，建立直角坐标系，先把各力分解到 x、y 轴方向上，求出 x、y 轴方向各分解力的代数和 $\sum F_x$ 及 $\sum F_y$。同时将两端断面的平均流速也向 x、y 轴投影，再求出各轴上流速的投影。这样，就把求矢量和变成求代数和的问题，因而可将其写成各坐标轴上的投影式

$$\begin{aligned} \sum F_x &= \rho Q(\beta_2 v_{2x} - \beta_1 v_{1x}) \\ \sum F_y &= \rho Q(\beta_2 v_{2y} - \beta_1 v_{1y}) \end{aligned} \tag{3.8}$$

　　这就是常用的恒定总流的动量方程。用此方程就可求解外力，不需要知道流段间能量损失为多少，而只需知道两端断面上的速度和压强即可。这也是动量方程的特点和优越性。

　　用断面平均流速 v 计算动量，需要平均流速的方向与断面上各点的流速方向相同，这只有在渐变流段上才可能。所以在应用动量方程时，断面 1—1 和 2—2 都要取在渐变流段上。这样，也便于计算两端断面上的压力。

2. 动量方程的应用

【**例 3.4**】 水泵站压力水管的渐变流段如图 3.23 所示。管中通过的流量 $Q=24.8\text{m}^3/\text{s}$，直径 $D_1=1.5\text{m}$，$D_2=1.0\text{m}$，渐变段起点处压强 $p_1=392\text{kN/m}^2$，$\alpha=\beta=1.0$。求渐变段支座承受的轴向力。

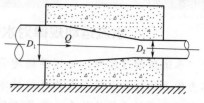

图 3.23 水泵站压力水管的渐变流段

解：（1）取脱离体。取渐变流段起始断面 1-1 和渐变流段出口断面 2-2 间的水体为脱离体，并对其进行受力分析：脱离体两个渐变流断面上的动水总压力 F_{P_1}、F_{P_2}；管壁对水流的轴向作用力 F_R；脱离体的水重 G（此题只研究轴向力，铅垂方向的重力对其不影响，不考虑重力）。

（2）选直角坐标系 xOy。各流速和各力方向都已在 x 坐标轴上，力、流速与坐标轴方向相同时为正，与坐标轴方向相反时为负。

（3）选动量方程的投影式求解。因为只求水平方向的轴向力，所以只列水平方向的动量投影式为

$$\sum F_x=\rho Q\beta(v_{2x}-v_{1x})$$

$$\sum F_x=F_{P_1}-F_{P_2}-F_R=p_1A_1-p_2A_2-F_R$$

$$v_{1x}=v_1=\frac{Q}{A_1}=\frac{1.8}{\frac{\pi}{4}\times1.5^2}=1.019(\text{m/s})$$

$$v_{2x}=v_2=\frac{Q}{A_2}=\frac{1.8}{\frac{\pi}{4}\times1.0^2}=2.293(\text{m/s})$$

（4）列能量方程，求断面 2-2 的动水压强。断面 2-2 的动水压强，可以通过 1-1、2-2 两断面列能量方程求得（以管轴为基准面，代表点选在管轴线上）

$$\frac{p_1}{\gamma}+\frac{v_1^2}{2g}=\frac{p_2}{\gamma}+\frac{v_2^2}{2g}$$

$$\frac{p_2}{\gamma}=\frac{p_1}{\gamma}+\frac{v_1^2}{2g}-\frac{v_2^2}{2g}=\frac{392}{9.8}+\frac{1.019^2}{19.6}-\frac{2.293^2}{19.6}$$

$$=40+0.053-0.268=39.785(\text{m})$$

则
$$p_2=389.893 \ (\text{kN/m}^2)$$

（5）利用动量方程求渐变段支座承受的轴向力。根据以上计算结果代入动量方程的投影式，求得管壁对水流的轴向作用力 F_R。

$$F_R=p_1A_1-p_2A_2-\rho Q(v_{2x}-v_{1x})$$
$$=392\times1.767-389.893\times0.785-1\times1.8\times(2.293-1.019)$$
$$=384.3(\text{kN})$$

渐变段支座承受的轴向力与管壁对水流的轴向作用力 F_R 大小相等，方向相反。

水流运动规律对水务工程施工与运行管理的影响

水流运动过程中，必须遵循质量守恒定律、能量守恒定律和动量守恒定律，其在水力学上的具体表现形式为连续性方程、能量方程、动量方程；连续性方程反映了水流运动要素与流量的关系，能量方程反映了水流运动要素与能量之间的关系，动量方程反映了水流在运动过程中动量的改变与作用力之间的关系。下面介绍三大水流运动规律对水务工程施工与运行的影响。

1. 水库的调蓄遵循水量平衡原则

洪水入库后，其运动是属于不稳定流，水库沿程的水位、流量、流速和过水断面

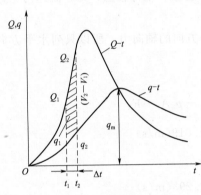

图 3.24　水库水量平衡示意图

等均随时变化，由于阻力和水库的调蓄作用，洪水自水库入库断面至坝址逐渐坦化，形成明渠渐变非恒定流。

如果认为水库为静库容，也就是假定库内流速趋近于零，库水面为水平的，即库容与坝前水位成单值函数关系，忽略动力对调洪的影响，水库的调蓄遵循水量平衡原则，即在一个计算时段内，入库水量与出库水量之差，等于该时段内水库蓄水量的变化量（图 3.24）。该公式即水库水量平衡方程式。该方程式为水库的运行管理提供了基础的运行数据。

$$\frac{1}{2}(Q_1+Q_2)\Delta t-\frac{1}{2}(q_1+q_2)\Delta t=V_2-V_1$$

式中　Q_1，Q_2——计算时段初、末的入库流量，$\mathrm{m^3/s}$；

　　　q_1，q_2——计算时段初、末的下泄流量，$\mathrm{m^3/s}$；

　　　V_1，V_2——计算时段初、末的水库蓄水量，$\mathrm{m^3}$；

　　　Δt——计算时段，s。

2. 水流能量的转化产生的巨大冲击力

（1）跌水井。排水管道中的一个重要构筑物是跌水井，其作用是连接上、下游高程较大的管段，如图 3.25 所示。由于水流跌落势能转化为动能，竖管中较大的向下流速瞬时转变为向下游的水平流速，动量的改变产生了水对管道较大的作用力，影响管道的安全使用。为了保护管道安全，需要在管道周围增加管道支墩，使得管道对支墩产生的约束力，保护管道安全。这种竖管式跌水井仅适用于管径小于 400mm 的管道，当管道直径增加、流量过大时，水对管道产生作用力巨大，对管壁造成很大冲击力，管道强度不能满足要求，管道破坏造成污水漫溢、地面横流，损失巨大。因此当管道直径大于 400mm 时，常采用溢流堰检查井，溢流堰段设计成流线型，流速沿着水流变化缓慢，水流对管道产生的冲击力减小，达到了保护管道的目的。同样在水利枢纽中，经常看到溢流坝、闸下泄流部位的构筑物均设计为流线型，就是为了降低水

流产生的冲击力，如图 3.26 所示。

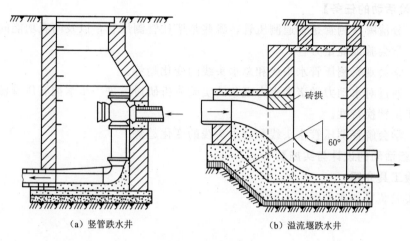

（a）竖管跌水井   （b）溢流堰跌水井

图 3.25 跌水井

（2）管道支座。请大家调查一下，在室内外埋地供排水管道施工中，管道的哪些部位需要增加管道支座或者支墩，以保护管道不受损坏。如图 3.27 所示，给水管道穿越基础的施工做法中，在水流流速剧变产生冲击力的部位增加了管道保护装置——混凝土支座。另外，在室内给水架空管道的安装中，规范要求在弯管两侧安装管道支架，也是为了防止水流对管道的冲击力，影响管道安全。

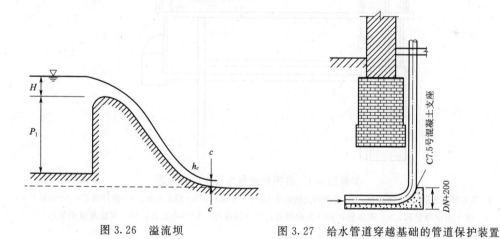

图 3.26 溢流坝   图 3.27 给水管道穿越基础的管道保护装置

3.6

能量方程
验证实验

活 动 与 探 究

活动 1 能 量 方 程 实 验

【实验活动背景】

在实际的水务工程中，需要测量流速、流量及压强等水动力学水力要素。所以掌

55

握流速、流量、压强等水动力学水力要素的实验量测技能是必要的。

【实验活动的任务】

（1）分清哪些测管是普通测压管，哪些是毕托管测压管，以及两者功能的区别。

（2）学会验证能量方程。

（3）学会观察测压管水头线和总水头线的变化趋势。

（4）通过对水动力学诸多水力现象的实验分析研讨，进一步掌握有压管流中水动力学的能量转换特性。

（5）学会解释测压管水头线和总水头线的变化趋势。

【实验活动的设计与实施】

实验工具介绍

本实验装置如实验图 3.1 所示。

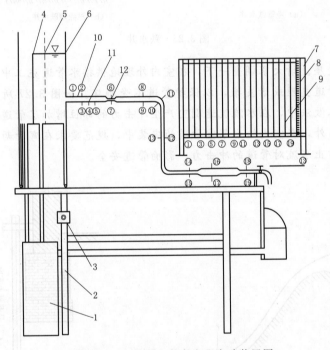

实验图 3.1　自循环能量方程实验装置图

1—自循环供水器；2—实验台；3—可控硅无级调速器；4—溢流板；5—稳水孔板；6—恒压水箱；7—测压计；
8—滑动测量尺；9—测压管；10—实验管道；11—测压点；12—毕托管；13—实验流量调节阀

本实验测压管有两种：

（1）毕托管测压管用以测读毕托管探头对准点的总水头 $H'\left(=z+\dfrac{p}{\gamma}+\dfrac{u^2}{2g}\right)$，须注意一般情况下 H' 与断面总水头 $H\left(=z+\dfrac{p}{\gamma}+\dfrac{v^2}{2g}\right)$ 不同（因一般 $u\neq v$），它的水头线只能定性表示总水头变化趋势。

（2）普通测压管用以定量量测测压管水头。

实验中流量用阀 13 调节，流量由体积时间法（量筒、秒表另备）、重量时间法

（电子秤另备）或电测法测量。

动手试一试，回答以下问题

（1）如何排除实验管道中的空气？如何排除测压管中的空气？

（2）如何用体积时间法测流量？

（3）如何观察测压管的液面高度？

（4）如何找出测压管水头线和总水头线？

实验方法和步骤

（1）熟悉实验设备，分清哪些测压管是普通测压管，哪些是毕托管测压管，以及两者功能的区别。

（2）打开开关供水，使水箱充水，待水箱溢流，检查调节阀关闭后所有测压管水面是否齐平。如不平则需查明故障原因（例如连通管受阻、漏气或夹气泡等）并加以排除，直至调平。

（3）打开阀13，观察思考。

1）测压管水头线和总水头线的变化趋势；

2）位置水头、压强水头之间的相互关系；

3）测点②、③测管水头同否？为什么？

4）测点⑫、⑬测管水头是否不同？为什么？

5）当流量增加或减少时测管水头如何变化？

（4）调节阀13的开度，待流量稳定后，测记各测压管液面读数，同时测记实验流量（毕托管供演示用，不必测记读数）。

实验成果整理

记录有关常数（实验表3.1～实验表3.3）

均匀段 $D_1 =$ _____ cm，减缩段 $D_2 =$ _____ cm，渐扩段 $D_3 =$ _____ cm，

水箱液面高程＝_____ cm，上管道轴线高程＝_____ cm

实验表 3.1　　　　　测记 $(z + p/\gamma)$ 数值表（基准面选在标尺的零点）

测点编号	②	③	④	⑤	⑦	⑨	⑩	⑪	⑬	⑮	⑰	⑲	Q
1													
2													
3													

实验表 3.2　　　　　　　　　　计 算 数 值 表

管径 d	测次 1			测次 2			测次 3		
	$Q=$			$Q=$			$Q=$		
	A	v	$v^2/(2g)$	A	v	$v^2/(2g)$	A	v	$v^2/(2g)$

实验表 3.3　　　　　　　　　　总　水　头

测点编号									
1									
2									
3									

【实验分析与交流】

1. 测压管水头线和总水头线的变化趋势有何不同？为什么？

2. 流量增加，测压管水头线有何变化？为什么？

3. 测点⑤、⑦、⑨点的测压管水头线现象是怎样的，为什么？

【实验归纳与整理】

通过观察实验现象、测量水力要素、计算绘制总水头线和测压管水头线，得到以下结论：测压管水头线沿着流程可升可降，管道直径由大变小则流速增加，部分势能转化为动能，测压管水头减小；管道直径由小变大则流速减小，部分动能转化为势能，测压管水头增大。由于水流运动过程中存在能量损失，总水头线总是沿着流程下降的。

活动 2　毕托管测速实验

【实验活动背景】

在研究与水有关的建筑物的设计、施工、管理时，经常需要测量水流的流速及流量。毕托管就是量测水中任一点流速的仪器。

【实验活动的任务】

1. 通过对管嘴淹没出流点流速及点流速系数的测量，掌握用毕托管测量点流速的技能；

2. 了解普朗特型毕托管的构造和适用性，并检验其量测精度，进一步明确传统水力学量测仪器的现实作用。

【实验活动的设计与实施】

实验装置介绍

本实验的装置如实验图 3.2 所示。

说明：经淹没管嘴 6，将高低水箱水位差的位能转换成动能，并用毕托管测出其点流速值。测压计 10 的测压管①、②用以测量高、低水箱的位置水头，测压管③、④用以测量毕托管的全压水头和静压水头，水位调节阀 4 用以改变测点的流速大小。

动手试一试，回答以下问题

1. 能量方程公式是什么？

2. 在实验操作过程中，怎样检查管道中空气是否被排净？

3. 在实验装置中，怎么排除管道中的气体？

4. 在实验过程中，怎样改变水流流速？

实验原理介绍

本实验采用普朗特型毕托管测量孔口淹没出流的中心流速，并用上、下游水位落

3.7 ▶

毕托管
测流速实验

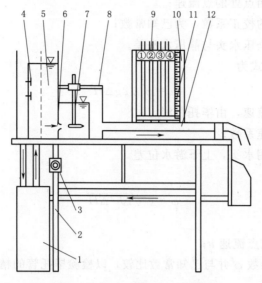

实验图 3.2　毕托管测速实验装置图

1—自循环供水器；2—实验台；3—可控硅无级调速器；4—水位调节阀；5—恒压水箱；6—管嘴；
7—毕托管；8—尾水箱与导轨；9—测压管；10—测压计；11—滑动测量尺（滑尺）；12—上回水管

差进行校核。测压管①、②用以测量水箱上、下游水面高差，测压管③、④用以测量
毕托管的动压水头，如实验图 3.3 所示，毕托管置于静水中，可利用吸耳球排出测压
管中气体，把毕托管固定在管嘴轴心线上，离出口 2～3cm 处。

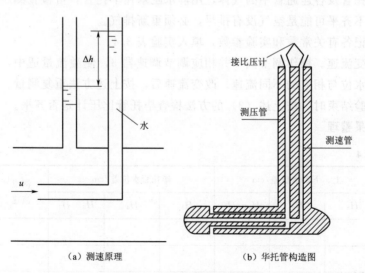

（a）测速原理　　　　　　　　（b）毕托管构造图

实验图 3.3　毕托管测速原理图

这是毕托管测速公式：

$$u = c\sqrt{2g\Delta h} = k\sqrt{\Delta h}$$

$$k = c\sqrt{2g}$$

式中　u——毕托管测点处的点流速；

　　　c——毕托管的校正系数，为已知常数；

　　Δh——毕托管全压水头与静压水头差。

管嘴出流流速公式为

$$u = \varphi' \sqrt{2g\Delta H}$$

式中　u——测点处流速，由毕托管测定；

　　　φ'——测点流速系数；

　　ΔH——管嘴作用水头，上下游水位差。

联解上两式可得

$$\varphi' = c \sqrt{\Delta h / \Delta H}$$

实验基本要求：

1. 用毕托管测定点流速 u；

2. 测定点流速系数 φ' 并与已知常数比较，以检验毕托管的精度。

实验方法及步骤

(1) 准备。①熟悉实验装置各部分名称、作用性能，搞清构造特征、实验原理；②用医塑管将上、下游水箱的测点分别与测压计中的测管1、2相连通；③将毕托管对准管嘴，距离管嘴出口处 2～3cm，上紧固定螺丝。

(2) 开启水泵。顺时针打开调速器开关3，将流量调节到最大。

(3) 排气。待上、下游溢流后，用吸气球（如医用吸耳球）放在测压管口部抽吸，排除毕托管及各连通管中的气体，用静水匣罩住毕托管，可检查测压计液面是否齐平，液面不齐平可能是空气没有排尽，必须重新排气。

(4) 测记各有关常数和实验参数，填入实验表3.4。

(5) 改变流速。操作调节阀4并相应调节调速器3，使溢流量适中，共可获得三个不同恒定水位与相应的不同流速。改变流速后，按上述方法重复测量。

(6) 实验结束时，按上述（3）的方法检查毕托管比压计是否齐平。

实验成果整理

实验表 3.4

实验次序	上、下游水位差/cm			毕托管水位差/cm			测点流速	测点测速系数
	H_1	H_2	$H_1 - H_2$	H_3	H_4	$H_3 - H_4$		

【实验分析与交流】

1. 毕托管的测速范围为 0.2～2cm/s，流速过小过大都不宜采用，为什么？

2. 为什么在光、声、电技术高度发展的今天，仍然常用毕托管这一传统的液体测速仪器？

【实验归纳与整理】

采用普朗特型毕托管测量孔口淹没出流的中心流速，并用上、下游水位落差进行校核。同时也可以根据测定点流速系数 φ' 与已知常数的比较，检验毕托管的精度，修正毕托管校正系数。

活 动 3　流 量 测 定 实 验

【实验活动背景】

在研究与水有关的建筑物的设计、施工、管理时，经常需要测量水流的流速及流量。文丘里流量计和孔板流量计就是量测流量的仪器。

【实验活动的任务】

1. 了解文丘里流量计和孔板流量计的原理及构造，掌握两种流量计测流量的方法。

2. 学习用体积法测流量的实验技能。

3. 利用量测到的收缩前后两断面 1-1 和断面 2-2 的测管水头差 Δh，根据理论公式计算管道流量，并与体积法所测得的实际流量进行比较，从而对理论流量作出修正，得到流量计的流量系数 μ，即对流量计作出率定。

【实验活动的设计与实施】

实验装置介绍

实验装置如实验图 3.4 所示，在自循环恒定管道流上串联文丘里流量计和孔板流量计。分别在文丘里流量计的收缩段进口断面和喉管断面以及孔板流量计的上游断面和下游断面上设测压孔，并接上测压管（1、2、3、4、5、6），用于量测断面的测压管水头差。设置专用量水箱进行流量的量测，并配有秒表。

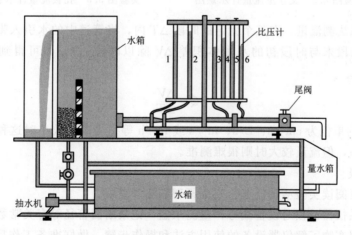

实验图 3.4　文丘里流量计和孔板流量计实验仪器简图

实验原理

（1）文丘里流量计。文丘里流量计是一种常用的量测有压管道流量的装置，如实验图 3.5 所示，由"收缩段""喉管"和"扩散段"三部分组成，安装在需要测定流量的管道上。在收缩段进口断面 1-1 和喉管断面 2-2 上设测压孔，并接上测压管，通过量测两个断面的测压管水头差，根据断面 1-1 和 2-2 的能量方程就可得出不计阻力作用时管道的理论流量 $Q_{理}$，再经修正得到实际流量，计算公式如下：

$$Q_{理} = \frac{\pi}{4} \frac{d_1^2}{\sqrt{\left(\frac{d_1}{d_2}\right)^4 - 1}} \sqrt{2g\Delta h} = k\sqrt{\Delta h}$$

$$Q_{实} = \mu k\sqrt{\Delta h}$$

式中　$\mu < 1.0$，称为流量系数。实际流量 $Q_{实}$ 通过体积法测量。

（2）孔板流量计。如实验图 3.6 所示在管道上设置圆孔板，在流动未经孔板收缩的上游断面 1-1 和经孔板收缩的下游断面 2-2 上设测压孔，并接上测压管，通过量测两个断面的测压管水头差，同上可利用能量方程计算不计阻力作用时管道的理论流量 $Q_{理}$，再经修正得到实际流量，计算公式同上。

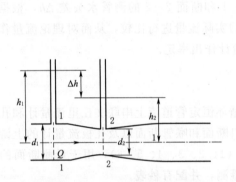 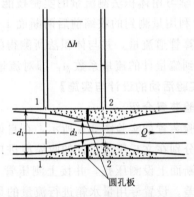

实验图 3.5　文丘里流量计示意图　　实验图 3.6　孔板流量计示意图

（3）体积法测流量。在某个固定的时段 ΔT 内，将管道中的水引入带有刻度的量水箱中，用时段末与时段初的水量体积差 ΔV 除以时段 ΔT，即可得到管道的流量 Q，即

$$Q = \frac{\Delta V}{\Delta T}$$

流量 Q 的单位为 cm³/s、L/s、m³/s 或 m³/h 等。当流量较小时这种方法简单易行，精度较高，但流量较大时则很难测准。

实验步骤

（1）认真阅读实验活动任务、实验原理和注意事项。

（2）熟悉仪器，核对设备编号，量测水温，记录断面管径等有关常数。

（3）对照实物了解仪器设备的使用方法和操作步骤。做好准备工作后，启动抽水机，打开进水开关，给水箱充水，并保持溢流状态，即保证水位恒定，从而使得管道中水流为恒定流。

（4）实验开始前，检查下游阀门全关时，各个测压管水面是否处于同一水平面上。如不平，则需排气调平。

（5）实验过程中要求改变几次流量，为便于调节，可先从大流量开始做。开启下游阀门，使测压管最高和最低液面的差值最大，待水流恒定后，进行量测，并将实验数据记录到表中相应位置。

（6）依次减小流量，待水流恒定后，重复上述步骤 10 次以上，并按顺序记录实验数据。

（7）检查实验数据记录表是否有缺漏？是否有某组实验数据明显地不合理？若有此情况，进行修正。

（8）实验结束，需按步骤（4），校核各测压管水面是否处于同一水平面上。

实验时应注意：①在溢流板有溢流时方能进行实验。②每次体积法测流量之前，将量水箱的阀门打开，使水排入最底下的循环水箱。③每次改变流量，量测必须在水流恒定后方可进行。④读压差计、调节阀门、测量流量的同学要相互配合，并注意爱护秒表等仪器设备。⑤实验结束后，请关闭电源开关，拔掉电源插头。

实验成果整理

1. 实验数据记录，见实验记录表 3.5。

实验日期：＿＿＿＿＿＿＿　　　　　实验者：＿＿＿＿＿＿＿

仪器编号：＿＿＿＿＿＿＿

有关常数：量水箱长＿＿＿＿＿＿＿ cm，宽＿＿＿＿＿＿＿ cm，断面积 $A = $＿＿＿＿＿＿＿ cm²

$d_{1文} = $＿＿＿＿＿＿＿ cm，$d_{2文} = $＿＿＿＿＿＿＿ cm，$d_{1孔} = $＿＿＿＿＿＿＿ cm，$d_{2孔} = $＿＿＿＿＿＿＿ cm

实验表 3.5　　　　　　　　　　　　数 据 记 录 表

测次	文丘里流量计		孔板流量计		量 水 箱		
	H_1/cm	H_2/cm	H_3/cm	H_4/cm	初水位/cm	末水位/cm	时间 T/s
1							
2							
3							
4							
5							
6							
7							
8							
9							
10							
11							
12							

2. 整理实验结果，并进行有关计算，完成实验数据计算表 3.6。

实验表 3.6　　　　　　　　**数 据 计 算 表**

$K_\text{文} = $ _____ $\text{cm}^{2.5}/\text{s}$　　　$K_\text{孔} = $ _____ $\text{cm}^{2.5}/\text{s}$

测次	$\Delta H/$ cm	$V/$ cm^3	$Q_\text{实}=V/T/$ (cm^3/s)	$\Delta H_\text{文}=$ H_1-H_2/cm	$Q_\text{理文}=$ $K_\text{文}\sqrt{\Delta H_\text{文}}/$ (cm^3/s)	$\mu_\text{文}=$ $Q_\text{实}/Q_\text{理文}$	$\Delta H_\text{孔}=$ H_1-H_2/cm	$Q_\text{理孔}=$ $K_\text{孔}\sqrt{\Delta H_\text{孔}}/$ (cm^3/s)	$\mu_\text{孔}=$ $Q_\text{实}/Q_\text{理孔}$
1									
2									
3									
4									
5									
6									
7									
8									
9									
10									
11									
12									

【实验分析与交流】

1. 文丘里流量计和孔板流量计的实际流量与理论流量为什么不相等，是由哪些因素造成的？两者的流量系数大于 1.0 还是小于 1.0？为什么？哪种流量计的精度高些？

2. 文丘里流量计和孔板流量计的流量系数相等吗？为什么？

3. 为什么在实验中要反复强调保持水流恒定的重要性？

【实验归纳与整理】

实验通过文丘里流量计和孔板流量计，量测收缩前后两个断面的测压管水头差，利用理论公式计算出管道流量，同时利用体积测流量法测得管道实际流量，两个流量值进行对比，从而对理论流量做出修正，得出流量计的流量系数。

习　题　3

3.1　填空题

1. 在能量方程中，单位势能是_____，单位动能是_____。

2. 流速大的地方，流线_____，流速小的地方，流线_____。

3. 总流是由无限多个_____所组成的，具有一定_____的实际水流。

3.2　选择题

1. 在均匀流中，流线是一组（　　）。

A. 相互平行的直线   B. 互不平行的直线

C. 相互平行的曲线   D. 互不平行的曲线

2. 流线上各质点的流速方向都与流线在该点处（   ）。

A. 相切   B. 相交

C. 垂直   D. 平行

3.3 判断题

1. 水流运动要素不随时间变化的水流称为非恒定流。   （   ）

2. 在渐变流中，各点的测压管水头均为常数。   （   ）

3. 渐变流流速慢，急变流流速快。   （   ）

4. 测压管水头线沿流程方向可以增加、减少或不变。   （   ）

5. 流速小的地方，流线密。   （   ）

3.4 简答题

1. 什么叫恒定流和非恒定流，均匀流和非均匀流，渐变流与急变流，有压流和无压流？

2. 什么叫流线？流线有哪些特征？

3. 什么叫过水断面，湿周及水力半径？

4. 如题图 3.1 所示，水流通过一个用渐变段连接起来的管道，若上游水位保持不变，问：（1）如阀门开度一定，各管段中是恒定流，还是非恒定流？哪一段是均匀流？哪一段为非均匀流？（2）阀门逐渐关闭过程中，管中是恒定流还是非恒定流？

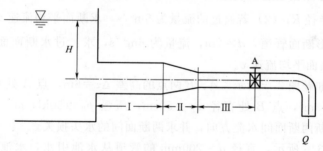

题图 3.1

5. 恒定流的能量方程式反映了什么规律？各项物理意义如何？

6. 如题图 3.2 所示，水箱中水面保持不变，试比较 a 与 b，c 与 d，e 与 f 的压强大小。

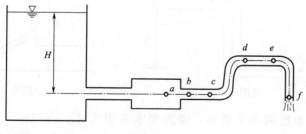

题图 3.2

3.5　计算题

1. 题图 3.3 所示为一复式断面，试按图中尺寸计算过水面积、湿周及水力半径。

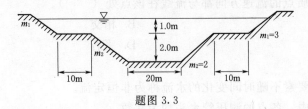

题图 3.3

2. 一压力管水流如题图 3.4 所示，已知 $d_1=300\text{mm}$，$d_2=200\text{mm}$，$d_3=100\text{mm}$，第三段管中平均流速 $v_3=1\text{m/s}$；试求管中流量 Q 及第一段管和第二段管的平均流速 v_1 及 v_2。

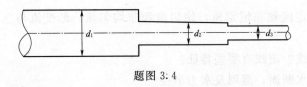

题图 3:4

3. 某矩形断面平底渠道，宽 3.0m。在某断面处渠底抬高 0.5m，抬高前的水深为 2.0m，抬高后水面降低 0.10m，水头损失为水面降低后流速水头的 1/3，求流量。

4. 某一矩形断面渠道，底宽 $b=2\text{m}$，水深 $h=1.5\text{m}$，求：（1）过水断面面积 A，湿周 χ 及水力半径 R；（2）若通过的流量为 $6\text{m}^3/\text{s}$，求断面平均流速 v。

5. 某一圆形断面管道，$d=2\text{m}$，流量为 $6\text{m}^3/\text{s}$，求：过水断面面积 A，湿周 χ，水力半径 R，断面平均流速 v。

6. 一管路如题图 3.5 所示，A、B 两点的高差 $\Delta z=6\text{m}$，点 A 处直径 $d_A=25\text{cm}$，压强 $p_A=80\text{kN/m}^2$，点 B 处直径 $d_B=50\text{cm}$，压强 $p_B=50\text{kN/m}^2$，断面平均流速 $v_B=2\text{m/s}$。判断两断面间水流方向，并求两断面间的水头损失。

7. 如题图 3.6 所示，直径 $d=200\text{mm}$ 的管道从水池引水，水池水位恒定不变，若管道内通过的流量 $Q=100\text{L/s}$ 时，水流的总水头损失 $h_{w1-2}=5\text{m}$。求水池水面与管道出口断面的高差 H？

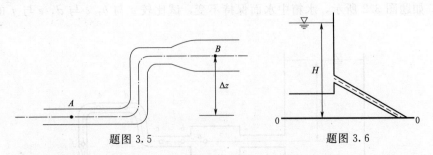

题图 3.5　　　　　　　题图 3.6

8. 某溢流坝如题图 3.7 所示，溢流坝水头损失 $h_{w1-2}=1\text{m}$，上游水面高程为 125m，下游底板高程为 110m，坝址处断面水深 $h_2=2\text{m}$。求此断面平均流速 v_2。

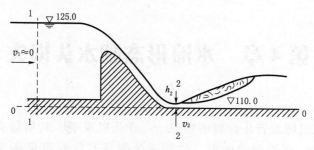

题图 3.7

9. 矩形断面的平底渠槽上，装置一平板闸门如题图 3.8 所示，已知闸门宽度 $b=$ 2m，闸前水头 $H=4$m，闸门开度 $e=0.8$m，闸孔后收缩断面水深 $h_c=0.62e$。当泄流量 $Q=8$m³/s 时，若不计摩擦力，试求作用于平板闸门上的动水总压力。

10. 有一管道出口处的针形阀门全开时为射流如题图 3.9 所示，已知出口直径 d_2 $=15$cm，流速 $v_2=30$m/s，管径 $d_1=35$cm。若不计水头损失，当测得针阀的拉杆受拉力 $F=4900$N 时，试求：（1）连接管道出口段的螺栓所受的水平总力为多少？（2）所受的是拉力还是压力？

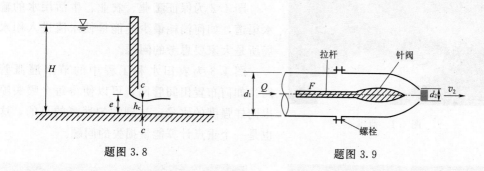

题图 3.8　　　　　　　题图 3.9

第4章　水流形态和水头损失

同学们看到过随着音乐起舞的喷泉——音乐喷泉吗？其错落有致的高度让人联想翩翩，形成一幅美丽的画面。你知道这错落有致的喷泉高度是如何形成的吗？学完这一章的内容，你就会发现，这些喷泉的不同高度都是依据能量的大小确定的。

作为水利类专业的学生，请结合在实习中看到的工程设施，分析各个工程设施的要求，指出它们能量损失的特点。通过本章的学习，会发现这些工程设施也是依据能量损失的大小来进行施工、设计的。

图4.1为水利工程中泄洪闸泄洪的壮观场面，巨大的能量会对下游河床和堤岸造成严重的冲刷，如何消耗多余的能量是泄洪闸设计、施工的关键。

图4.1　泄洪

图4.2为保证工业、农业、生活用水的输水渠道，如何消耗最少的能量使水流进入用水场所是大家要思考的问题。

图4.3为农田水利工程中的节水灌溉管网，如何布置田间管网，可以使得每个喷头喷出同样强度的水量，达到均匀灌溉的目的，这也是一个重点计算能量损失的问题。

图4.2　输水

图4.3　灌溉

【学习指导】

通过本章的学习，同学们能解决以下问题：

1. 水流运动的两种形态

通过水流现象理解层流和紊流的概念，利用雷诺数判别层流和紊流两种形态。

2. 水流阻力和水头损失

通过流线仪理解水头损失产生的原因和水头损失的两种类型。学会利用理论公式和经验公式水头损失的计算方法。

4.1 水流运动的两种形态——层流、紊流

4.1.1 层流和紊流现象

实验装置介绍

图 4.4 为观察水流形态的实验装置，在水箱 A 的箱壁安装一根玻璃管 B，B 管下端设置一个阀门 K_1，玻璃管 B 进口安有注入有色水的针形小管，针形小管又与存放颜色水的小瓶 D 相连接。

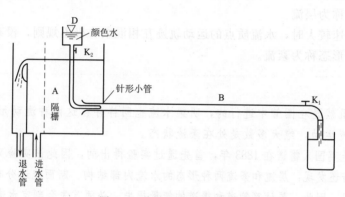

图 4.4 水流形态的实验装置

请在表 4.1 写出各实验设备部件及其功能。

表 4.1 实验设备部件及其功能

序号	实验设备部件	功能
1		
2		
3		
4		
5		
…		

观察实验现象

（1）先微开阀门 K_1，如图 4.5（a）所示，可以观察到颜色水在整个玻璃管 B 中形成_____，与周围水流毫不混杂；

（2）然后将阀门 K_1 逐渐开大，增加管中水流流速，如图 4.5（b）所示，可以观察到有色流束_____；

（3）再继续开大阀门 K_1，如图 4.5（c）所示，可以观察到有色流束_____

_____，与周围水流混杂。

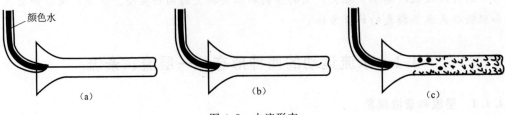

图 4.5 水流形态

实验结论：

在一定条件下，水流会出现层流和紊流两种不同的形态。

层流：流速较小时，水流质点作有条不紊的线状运动，水流各层质点互不混掺，这种流动形态称为层流。

紊流：流速较大时，水流质点的运动轨迹互相混杂，极不规则，没有确定的规律性，这种流动形态称为紊流。

小知识

本实验虽然是在圆管中进行的，明渠水流也同样存在这两种流动形态，而且天然河道的水流运动，绝大多数是处在紊流状态。

本结论是英国人雷诺在 1883 年，首先通过实验得出的，因此该实验又称为**雷诺实验**。而且雷诺还发现：层流和紊流两种形态的水流内部结构、断面流速分布和能量损失情况均不相同。因此，要计算管道和渠道的能量损失，必须首先会判定水流的形态。

雷诺提出了水流形态的概念和判定水流形态的方法，为后人进行能量损失的研究奠定了基础。

4.1.2 层流和紊流的判别——雷诺数与临界雷诺数

水流形态是由哪些因素来决定呢？

下面我们跟着伟大的科学家雷诺重现当年的实验过程，领略发现真理的过程，学习一种分析研究问题的方法。

我们根据本实验装置可以分析以下因素与水流形态的关系：

（1）流速。改变阀门的开度，从而改变流速。发现流速小时出现层流，流速大时则发生紊流。

（2）管道直径。在保证流速不变的情况下，更换玻璃管 B 的直径。发现管道直径小易发生层流，直径大则易发生紊流。

（3）黏滞性。在保证流速和管道不变的情况下，改变液体的黏滞性（水体的温度），黏滞性大的水体易发生层流，黏滞性小的水体则易发生紊流。

将以上几个因素组合在一起，得到一个无量纲的数值 K，由于是雷诺发现的 K 值，因此 K 值称为雷诺数，用 Re 来表示。

$$Re = \frac{vd}{\nu} \tag{4.1}$$

式中 Re——雷诺数；

      d——管道直径；

      ν——液体运动黏滞系数；

      v——管中平均流速。

式（4.1）表示的只是管中水流的雷诺数，对于河渠水流，雷诺数 $Re=\dfrac{vR}{\nu}$。其中 R 为水力半径。

如何分析层流和紊流临界状态下雷诺数的特征？

三种影响因素不再一一分析，下面计算不同流速下的雷诺数，观察层流状态和紊流状态下雷诺数的特征。

已知：圆管的直径 $d=1.37\text{cm}$，水温为 20℃，流量测定时，①紊流状态下，得到 4s 流出水的体积为 820cm^3；②层流状态下，得到 14s 流出水的体积为 200cm^3。试计算两种状态下的雷诺数。

解：已知水温 $T=20$℃，查表得水的运动黏滞系数 $\nu=1.003\times10^{-6}\text{m}^2/\text{s}$。

（1）紊流状态的流速与雷诺数。

管内流速：$v=\dfrac{Q}{\pi d^2/4}=\dfrac{820/4}{3.14\times1.37^2/4}=139$（cm/s）

雷诺数：$Re=\dfrac{vd}{\nu}=\dfrac{139\times1.37}{1.003\times10^{-2}}=18986$

（2）层流状态的流速与雷诺数。

管内流速：$v=\dfrac{Q}{\pi d^2/4}=\dfrac{200/14}{3.14\times1.37^2/4}=9.7$（cm/s）

雷诺数：$Re=\dfrac{vd}{\nu}=\dfrac{9.7\times1.37}{1.003\times10^{-2}}=1325$

通过实验计算数据发现，层流的雷诺数较小，而紊流的雷诺数较大。那么必然存在这样一个临界雷诺数 Re_k——层流与紊流相互转化时的雷诺数。

实验证明，从紊流转化为层流的临界雷诺数，称为下临界雷诺数，是一个比较稳定的数值；从层流转化为紊流的临界雷诺数，称为上临界雷诺数，是一个不稳定数值。以后所讲的临界雷诺数均指下临界雷诺数。

对于圆形管道，$Re_k=2320$，即当 $Re>2320$ 时，管中水流为紊流；$Re<2320$ 时，管中水流为层流。

对于河渠水流，$Re_k\approx500$，即当 $Re>500$ 时，河渠水流为紊流；$Re<500$ 时，河渠水流为层流。

【例 4.1】 某一输水管道，$d=30\text{cm}$，管中平均流速 $v=2\text{m/s}$，运动黏滞性系数 $\nu=0.01\text{cm}^2/\text{s}$，试判别管中水流形态。

解：$v=2\text{m/s}=200\text{cm/s}$

$$Re=\frac{vd}{\nu}=\frac{200\times30}{0.01}=600000>2320$$

故管中水流为紊流。

4.2　水流阻力和水头损失

能量损失产生的原因是什么？

水是具有黏滞性的。黏滞性的存在，使水流各流层的流动有快慢之分，各流层之间也因此而产生内摩擦阻力，克服阻力又须消耗部分能量，从而形成水头损失。

分析：在管道的顺直段，能量的变化有什么特征？在管道断面突然扩大或缩小处、阀门和弯头等边界形状急剧改变的地方，能量的变化有什么特征？

> **小知识**
>
> 　　在水力学中，能量损失是由水柱高度来表示的，因此能量损失又称为水头损失。

4.2.1　水头损失分类

根据水流流动的固体边界情况不同，能量损失的特征也不同，因此在工程上把水头损失分为沿程水头损失和局部水头损失。

1. 沿程水头损失

在河渠或管道的顺直段，均匀流或渐变流水流，为克服沿程阻力所损失的能量，称为沿程水头损失，以符号 h_f 表示。如图 4.6（a）所示，1-2 管道段就存在沿程水头损失。

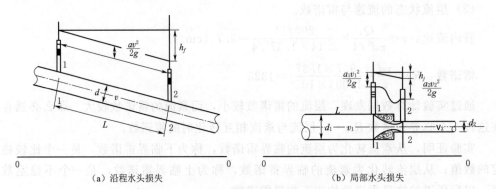

（a）沿程水头损失　　　　　　　　　　（b）局部水头损失

图 4.6　沿程水头损失和局部水头损失

2. 局部水头损失

在水流经过固体边界突然改变的地方，由于流速或流向发生急剧变化，克服较大的局部水流阻力所消耗的能量，叫局部水头损失，以 h_j 表示。如在断面突然扩大或缩小处、阀门和弯头等边界形状急剧改变的地方，均产生局部水头损失。如图 4.6（b）所示的 1-2 管道段就存在局部水头损失。

那么，总水头损失 h_w 应等于各段的沿程水头损失和所有局部水头损失之和，即

$$h_w = \sum h_f + \sum h_j \tag{4.2}$$

式中　$\sum h_f$——全流程上各分段沿程水头损失的总和；

　　　$\sum h_j$——全流程上各个局部水头损失的总和。

在实践中，沿程水头损失和局部水头损失往往是不可分割、相互影响的。因此，在计算水头损失时要进行一些简化处理：①沿流程如果有几处局部水头损失，只要不是相距太近，可以分别计算；②边界局部变化处，对沿程水头损失的影响不单独计算，假定局部水头损失产生在边界突变的一个断面上，该断面的上游段和下游段的损失仍然只考虑沿程水头损失，也就是将两者看成互不影响、单独产生的。如图 4.7 所示，全流程的水头损失等于各种局部水头损失和各流段的沿程水头损失之和。

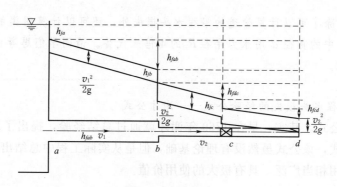

图 4.7 水头损失

4.2.2 沿程水头损失的分析与计算

1. 沿程水头损失的计算公式——达西公式

沿程水头损失 h_f 大小与哪些因素有关系呢？

下面我们跟着伟大科学家达西探索真理的过程，学习沿程水头损失的计算方法。

根据不同条件下沿程水头损失实验结果，可以分析得到以下因素与沿程水头损失大小有关系：

（1）流速。改变阀门的开度，从而改变流速。发现流速越大，同长度的管道能量损失越大。

（2）管道直径。在保证流速不变的情况下，更换玻璃管的直径。发现管道直径越小则能量损失越大。

（3）管道长度。在保证流速和管道不变的情况下，改变管道长度，管道越长，能量损失越大。黏滞性小的水体则易发生紊流。

另外，沿程水头损失 h_f 除了与流速水头 $\dfrac{v^2}{2g}$、直径 d、管道或明渠长度 l 有关外，还与边界粗糙度和水流形态有关。经过达西的无数次实验和理论推导分析，得到沿程水头损失的计算公式，因此该公式称为达西公式。

$$h_f = \lambda \, \frac{l}{d} \frac{v^2}{2g} \tag{4.3}$$

达西公式中管道或明渠长度 l、流速水头 $\dfrac{v^2}{2g}$ 以及直径 d 均容易求得，那么求沿程水头损失的关键是 λ 值的确定。

对层流而言，$\lambda = 64/Re$；对紊流而言，λ 一般由经验公式求出或实验测定。对于常见的几种管道，沿程阻力系数 λ 可近似采用表 4.2 的数据。

表 4.2　　几种常见管道的沿程阻力系数 λ

混凝土管	1/45	木管	1/52
生铁管或焊接钢管	1/50	铆接钢管	1/42

> **小知识**
>
> 　　达西公式除了可以计算管道的沿程水头损失外，还可以计算明渠的沿程水头损失，这时公式中的直径 d 用水力半径 R 的 4 倍来代替。请同学们思考一下为什么可以写为 $d=4R$。

　　2. 计算沿程水头损失的经验公式——谢才公式

　　（1）谢才公式。其实，早在 1769 年谢才就通过总结经验，提出了著名的明渠均匀流的谢才公式，该公式虽然没有理论基础，但是从实际工程中总结出来的经验，在水力计算中应用相当广泛，具有极大的使用价值。

$$v=C\sqrt{RJ} \tag{4.4}$$

式中　　v——断面平均流速，m/s；

　　　　R——水力半径，m；

　　　　J——水力坡度，$J=\dfrac{h_f}{l}$；

　　　　C——谢才系数，$\mathrm{m^{1/2}/s}$。

该公式经过变形可以直接用来计算沿程水头损失。

谢才公式也可以写成　　　　　　$h_f=\dfrac{v^2}{C^2 R}l$ 　　　　　　　　　(4.5)

实际更多的是按照经验公式计算谢才系数。

> **小知识**
>
> 　　尽管谢才公式是针对明渠均匀流提出的，但实际上也可用于管流中均匀流的计算。

　　（2）谢才系数。谢才系数是根据大量实测资料求得的，计算谢才系数常用的一种经验方法称为曼宁公式。

$$C=\frac{1}{n}R^{1/6} \tag{4.6}$$

式中　　R——水力半径；

　　　　n——粗糙系数；

　　　　C——谢才系数。目前，对于 n 值已经积累了较多的资料，并普遍为工程界所采用。不同输水渠道边壁的粗糙系数 n 值见表 4.3。

表 4.3　　　　　　　　　不同输水渠道边壁的粗糙系数 n 值

壁面种类及状况	n	$\dfrac{1}{n}$
特别光滑的黄铜管、玻璃管，涂有珐琅质或其他釉料的表面	0.009	111
精致水泥浆抹面，安装及连接良好的新制的清洁铸铁管及钢管，精刨木板	0.011	90.9
很好地安装的未刨木板，正常情况下无显著水锈的给水管，非常清洁的排水管，最光滑的混凝土面	0.012	83.3
良好的砖砌体，正常情况的排水管，略有积污的给水管	0.013	76.9
积污的给水管和排水管，中等情况下渠道的混凝土砌面	0.014	71.4
良好的块石圬工，旧的砖砌体，比较粗制的混凝土砌面，特别光滑、仔细开挖的岩石面	0.017	58.8
坚实黏土的渠道，不密实淤泥层（有的地方是中断的）覆盖的黄土、砾石及泥土的渠道，良好养护情况下的大渠道	0.0225	44.4
良好的干砌圬工，中等养护情况的土渠，情况良好的天然河流（河床清洁、顺直、水流通畅、无塌岸及深潭）	0.025	40.0
养护情况在中等标准以下的土渠	0.0275	36.4
情况比较不良的土渠（如部分渠底有水草、卵石或砾石，部分边岸崩塌等），水流条件良好的天然河流	0.030	33.3

（3）达西公式与谢才公式。达西公式和谢才公式都可以正确计算沿程水头损失，二者必然存在着某种联系，两个公式可以相互转化，经过对比发现：谢才系数 C 与沿程阻力系数 λ 的关系为

$$C=\sqrt{\frac{8g}{\lambda}} \qquad (4.7)$$

式（4.7）表明谢才系数 C 与沿程阻力系数 λ 的换算关系，不同的是：λ 是一个无单位的数，谢才系数 C 的单位为 $m^{1/2}/s$。

4.2.3 局部水头损失的分析与计算

由于水流边界突然变化，水流形态随之引起的水头损失，称为局部水头损失。边界突然变化的形式是多种多样的，但在水流结构上具有以下两个特点。

（1）水流边界突变处，水流因惯性作用，主流脱离边界，在主流与边界之间产生漩涡。漩涡的分裂和相互摩擦要损失大量的机械能，因此漩涡区的大小和漩涡的强度直接影响局部水头损失的大小。

（2）流速分布急剧改变。由于主流脱离边壁形成漩涡区，主流受到压缩，随着主流沿程不断扩散，流速分布急剧改变。如图 4.8 所示，断面 1-1 的流速分布图，经过不断改变，最后在断面 2-2 上接近于下游的正常流速分布图。在流速改变过程中，液体质点间的位置不断相互调整，因此造成水流内部相对运动的加强，液体碰撞、摩擦作用加剧，从而造成较大的能量损失。

局部水头损失是由于水流边界急剧改变而使水流形态发生急剧变化而引起的。局

4.6 ⊙

局部水头
损失概念

部水头损失除了与流速水头有关外，还与边界的急剧变化特征有关，因此对于局部水头损失的计算，一般都用局部水头损失系数 ξ 与流速水头 $\dfrac{v^2}{2g}$ 的乘积来表示，即

$$h_j = \xi \frac{v^2}{2g} \tag{4.8}$$

式中 ξ——局部水头损失系数，应根据局部边界的突变情况由实验测定。

式（4.8）的 v 一般是发生局部水头损失以后的断面平均流速，但也可采用发生局部水头损失以前的断面平均流速。因此在查关于 ξ 的资料时，应注意资料中所标明的 v 的位置，一些常用的局部水头损失系数 ξ 值见表 4.4。

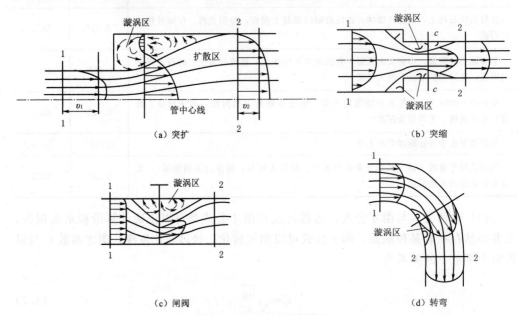

（a）突扩   （b）突缩

（c）闸阀   （d）转弯

图 4.8　流速分布急剧改变

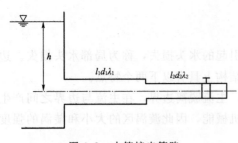

图 4.9　水箱接出管路

【例 4.2】 从水箱接出一管路，布置如图 4.9 所示。若已知：$d_1 = 150\text{mm}$、$l_1 = 25\text{m}$、$\lambda_1 = 0.037$；$d_2 = 100\text{mm}$、$l_2 = 10\text{m}$、$\lambda_2 = 0.039$，闸阀开度 $a/d_2 = 3/8$，需要输送流量 $Q = 25\text{L/s}$，求沿程水头损失 h_f、局部水头损失 h_j 及总水头损失 h_w。

解：（1）沿程水头损失。

大管 $Q = 25\text{L/s} = 0.025（\text{m}^3/\text{s}）$

$$v_1 = \frac{Q}{A} = \frac{Q}{\frac{\pi}{4}d_1^2} = \frac{0.025}{\frac{\pi}{4} \times 0.15^2} = 1.4（\text{m/s}）$$

$$h_{f1} = \lambda_1 \frac{l_1}{d_1} \frac{v_1^2}{2g} = 0.037 \times \frac{25}{0.15} \times \frac{1.41^2}{2 \times 9.8} = 0.63（\text{m}）$$

小管
$$v_2 = \frac{Q}{A_2} = \frac{Q}{\frac{\pi}{4}d_2^2} = \frac{0.025}{\frac{\pi}{4} \times 0.10^2} = 3.18(\text{m/s})$$

$$h_{f2} = \lambda_2 \frac{l_2}{d_2} \cdot \frac{v_2^2}{2g} = 0.039 \times \frac{10}{0.10} \times \frac{3.18^2}{2 \times 9.8} = 2.01(\text{m})$$

（2）局部水头损失。进口损失，由于进口没有修圆，查表 4.4 得，进口局部水头损失系数为 0.5，则

$$h_{j_1} = \zeta_{进口} \frac{v_1^2}{2g} = 0.5 \times \frac{1.41^2}{2 \times 9.8} = 0.05 \text{（m）}$$

由大管进入小管的缩小损失为

根据 $\left(\dfrac{A_2}{A_1}\right) = \left(\dfrac{d_2}{d_1}\right)^2 = \left(\dfrac{0.10}{0.15}\right)^2 = 0.444$，查表 4.4 得

$$\zeta_{缩} = 0.5 \times \left(1 - \frac{A_2}{A_1}\right) = 0.5 \times (1 - 0.444) = 0.278$$

$$h_{j_3} = \zeta_{缩} \frac{v_2^2}{2g} = 0.278 \times \frac{3.18^2}{2 \times 9.8} = 0.14 \text{（m）}$$

闸门损失：因闸门开度 $a/d_2 = 3/8$，查表 4.4 得，闸门的局部水头损失系数为 5.6。

$$h_{j_2} = \zeta_{阀} \frac{v_2^2}{2g} = 5.6 \times \frac{3.18^2}{2 \times 9.8} = 2.89 \text{（m）}$$

所以，总沿程水头损失为
$$\sum h_f = h_{f_1} + h_{f_2} = 0.63 + 2.01 = 2.64 \text{（m）}$$

总局部水头损失为
$$\sum h_j = h_{j_1} + h_{j_2} + h_{j_3} = 0.05 + 0.14 + 2.89 = 3.08 \text{（m）}$$

总水头损失
$$h_w = \sum h_f + \sum h_j = 2.64 + 3.08 = 5.72 \text{（m）}$$

表 4.4 **水流局部水头损失系数 ζ 值**

名称	简 图	ζ
断面突然扩大	$A_1 \quad v \to \quad A_2$	$\zeta = \left(1 - \dfrac{A_1}{A_2}\right)^2$
断面突然缩小	$A_1 \quad A_2 \quad \to v$	$\zeta = 0.5\left(1 - \dfrac{A_2}{A_1}\right)$
进口	$\to v$	直角 $\zeta = 0.50$
	$\to v$	角稍加修圆 $\zeta = 0.20$ 喇叭形 $\zeta = 0.10$ 流线形（无分离绕流）$\zeta = 0.05 \sim 0.06$

名称	简 图	ζ
进口		切角 $\zeta=0.25$
出口		流入水库 $\zeta=1.0$
		流入明渠 $\zeta=\left(1-\dfrac{A_1}{A_2}\right)^2$

圆形渐扩管

$$\zeta=k\left(\frac{A_2}{A_1}-1\right)^2$$

α	8°	10°	12°	15°	20°	25°
k	0.14	0.16	0.22	0.30	0.42	0.62

全开时（即 $\dfrac{a}{d}=1$）

d/mm	15	20~50	80	100	150
ζ	1.5	0.5	0.4	0.2	0.1

d/mm	200~250	300~450	500~800	900~1000
ζ	0.08	0.07	0.06	0.05

各种开度时

闸阀

d		开度 a/d					
mm	in	1/8	1/4	3/8	1/2	3/4	1
12.5	1/2	450	60	22	11	2.2	1.0
19	3/4	310	40	12	5.5	1.1	0.28
25	1	230	32	9.0	4.2	0.90	0.23
40	$1\frac{1}{2}$	170	23	7.2	3.3	0.75	0.18
50	2	140	20	6.5	3.0	0.68	0.16
100	4	91	16	5.6	2.6	0.55	0.14
150	6	74	14	5.3	2.4	0.49	0.12
200	8	66	13	5.2	2.3	0.47	0.10
300	12	56	12	5.1	2.2	0.47	0.07

阅读材料

水流形态的工程应用

水流运动的两种形态层流和紊流，存在于输水的管道和河道、水处理构筑物、地下水和湖泊污染治理工程、热交换工程等与水相关的各行各业。以下介绍部分相关知识。

斜板沉淀池工作原理：根据浅层理论，在沉淀池有效容积一定的条件下，增加沉淀面积，可以提高沉淀效率。斜板沉淀池实际上是把多层沉淀池的底板做成一定的倾斜度，水在斜板的流动过程中，水中颗粒则沉于斜板上，当颗粒积累到一定程度时，便自动滑下。从改善沉淀池水力条件的角度来分析，由于斜板沉淀池水力半径减小，从而使雷诺数 Re 大为降低，而弗劳德数 Fr 则大为提高。一般来讲斜板沉淀池中的水流基本上属于层流状态。

周进周出式二沉池：由于池周长，过水断面大，进水流速小得多。流速小，雷诺数和弗劳德数都比中进式小，雷诺数小，惯性作用小；弗劳德数小，黏滞力作用大，这些都有效地促进了水流流态向层流发展，产生同向流，促使活性污泥下沉。同时，由于活性污泥层的吸附澄清作用，混合液中的污泥颗粒不断与悬浮层中的活性污泥碰撞、吸附、结合、絮凝，产生良好的澄清作用，提高了沉淀。

板式换热器传热试验：在换热器的传热性能试验中，对流换热系数的测定是重要的一个组成部分，对流换热系数的测定方法有很多种，但都有各自的应用范围和条件。对于板式换热器而言，用等雷诺数法来获得其对流换热系数是比较合适的一种方法。

地源热泵优化设计：地下埋管式换热器是地源热泵系统设计的重点。一旦将换热器埋入地下后，基本不可能进行维修或更换，这就要求保证埋入地下管材的化学性质稳定、耐腐蚀，并且希望管材的热导率大、流动阻力小、热膨胀性好、工作压力符合系统要求。在实际工程中确定换热管管径必须满足两个要求：①管道要大到足够保持最小输送功率；②管道要小到足够使管道内保持紊流（流体的雷诺数 Re 达到 3000 以上）以保证流体与管道内壁之间的传热。显然，上述两个要求相互矛盾，需要综合考虑。一般并联环路用小管径，集管用大管径。地热换热器管路连接既可采用串联方式，也可采用并联方式。由于并联换热管系统具有管径小、管子成本较低、所需防冻液量较小、阻力损失小和安装过程劳动成本较低的特点，因此，优先采用并联系统。为了克服并联管路各环路之间的水力平衡较串联管路差的缺点，设计优先采用同程布置形式。

4.7 ▶

水流形态
测定——
雷诺实验

活 动 与 探 究

活动 1 测定水流的形态——雷诺实验

【实验活动背景】

在研究与水有关的建筑物的设计、施工、管理时，通常需要知道管道、渠道的能量损失情况。在确定水流的能量损失大小之前，我们必须首先确定水流的形态，根据不同的水流形态确定能量损失的大小。

【实验活动的任务】

1. 观察层流、紊流的流态及其转换特征；
2. 测定不同流态情况下的雷诺数，并确定下临界雷诺数；
3. 掌握圆管流态判别准则和方法。

【实验活动的设计与实施】

实验工具介绍

本实验的装置如实验图 4.1 所示。

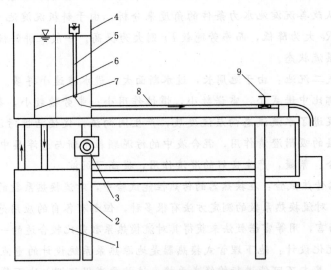

实验图 4.1　自循环雷诺实验装置图

1—自循环供水器；2—实验台；3—可控硅无级调整器；4—恒压水箱；5—有色水水管；
6—稳水孔板；7—溢流板；8—实验管道；9—实验流量调节阀

说明：供水流量由无级调整器调控使恒压水箱 4 始终保持微溢流的程度，以提高进口前水体稳定度。本恒压水箱还设有一道稳水隔板，可使稳水时间缩短到 3～5 分钟。有色水经有色水水管 5 注入实验管道 8，可据有色水散开与否判别流态。为防止自循环水污染，有色指示水采用自行消色的专用色水。

动手试一试，回答以下问题

操作步骤：打开调整器 3 使水箱充水至溢流水位，稳定后，微微开启调节阀 9，并注入颜色水于实验管内，使颜色水流成一直线。通过颜色水质点的运动观察管内水流的层流流态，然后逐步开大调节阀，通过颜色水直线的变化观察层流转变到紊流的水力特征，待管中出现完全紊流后，再逐步关小调节阀，观察由紊流转变为层流的水力特征。

观察两种形态的结果：

层流的水力特征＿＿＿＿＿＿＿＿＿＿＿＿＿＿＿＿＿＿＿＿＿＿＿＿＿＿＿＿＿＿＿。

稳流的水力特征＿＿＿＿＿＿＿＿＿＿＿＿＿＿＿＿＿＿＿＿＿＿＿＿＿＿＿＿＿＿＿。

动脑想一想，如何测定各种水流形态下的雷诺数

由雷诺数计算公式可知：测定雷诺数，必须首先记录实验管道的直径 d、利用水的温度 T 求得水黏滞系数 ν、利用体积法测定水流的流量 Q，最后根据下列公式求得雷诺数。

$$Re = \frac{Vd}{\nu} = \frac{4Q}{\pi d \nu} = KQ; \quad K = \frac{4}{\pi d \nu}$$

请同学们思考，如何采用体积法测定不同形态下水流的流量 Q。

测定下临界雷诺数

（1）将调节阀打开，使管中呈完全紊流，再逐步关小调节阀使流量减小。当流量调节到使颜色水在全管刚呈现出一稳定直线时，即为下临界状态；

（2）待管中出现临界状态时，用体积法测定流量；

（3）根据所测流量计算下临界雷诺数，并与公认值（2320）比较，偏离过大，需重测；

（4）重新打开调节阀，使其形成完全紊流，按照上述步骤重复测量不少于三次；

（5）同时用水箱中的温度计测记水温，从而求得水的运动黏滞系数。

实验成果整理

1. 记录有关常数。 实验装置台号 No. _____

实验管道直径 $d=$ _____。

水的温度 $T=$ _____。水的黏滞系数 $\nu=$ _____。

计算常数 $K=$ _____。

2. 将测得数据填入实验表 4.1，计算出水流不同形态下的雷诺数。

3. 根据测得颜色水线形态，得到实测下临界雷诺数。

实测下临界雷诺数 $Re_k=$ _____。

实验表 4.1

实验次序	颜色水线形态	水体积 V/cm^3	时间 T/s	流量 $Q/(\text{cm}^3/\text{s})$	雷诺数 Re	阀门开度增或减	备注

实测下临界雷诺数 $Re_k=$

【实验分析与交流】

1. 层流与紊流的水力特征有什么区别？区分层流和紊流的目的是什么？

2. 为何认为上临界雷诺数无实际意义，而采用下临界雷诺数作为层流和紊流判别的依据？实测的下临界雷诺数是多少？

3. 雷诺实验得出圆管的下临界雷诺数是 2320，而目前有的教科书中介绍采用的下临界雷诺数是 2000，原因何在？

4. 查资料找出明渠的雷诺数计算公式和明渠的下临界雷诺数。

【实验归纳与整理】

水流形态影响能量损失的大小，因此应该学会判断水流形态的判别方法。水流形态是通过无量纲的数值雷诺数来判定的。在本实验中，测定了管流临界状态的临界雷诺数为 2320。当水流的雷诺数大于临界雷诺数时为紊流，当水流的雷诺数小于临界雷诺数为层流。

活 动 2　测 定 局 部 水 头 损 失

【实验活动背景】

在研究与水有关的建筑物的设计、施工、管理时，通常需要知道管道、渠道的能量损失情况。计算局部水头损失时，需要查表得到各种形式下局部水头损失系数的大小，那么表中的局部水头损失系数是如何得到的。通过本实验掌握测量局部水头损失系数的方法。

4.8 ▶

局部水头损失
测定实验

【实验活动的任务】

1. 掌握三点法测量突扩段局部水头损失系数的技能；

2. 掌握四点法测量突缩段局部水头损失系数的技能；

3. 加深对局部水头损失机理的理解。

【实验活动的设计与实施】

1. 理论法确定局部水头损失系数

突扩段 1-3

$$\zeta'_e = \left(1 - \frac{A_1}{A_2}\right)^2$$

$$h'_{je} = \zeta'_e$$

突缩段 3-6

$$\zeta'_s = 0.5\left(1 - \frac{A_5}{A_3}\right)$$

$$h'_{js} = \zeta'_s \frac{\alpha v_5^2}{2g}$$

同学们可以结合教材内容，学习突扩段局部水头损失系数和突缩段的局部水头损失系数的推导方法。

2. 实验法确定局部水头损失系数

实验工具介绍

本实验装置如实验图 4.2 所示。

实验管道由小→大→小三种已知管径的管道组成，共设有六个测压孔，测孔 1-3 和 3-6 分别测量突扩和突缩的局部水头损失系数。其中测孔 1 位于突扩界面处，用以测量小管出口端压强值。

请同学们思考，在本实验装置中，如何采用体积法测定水流的平均流速？

步骤：_____

_____。

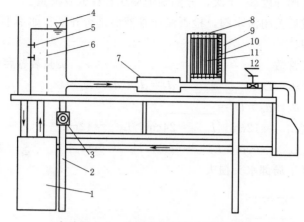

实验图 4.2 局部水头损失实验装置图

1—自循环供水器；2—实验台；3—可控硅无级调速器；4—恒压水箱；5—溢流板；6—稳水孔板；

7—突然扩大实验管段；8—测压计；9—滑动测量尺；10—测压管；

11—突然收缩实验管段；12—实验流量调节阀

动脑想一想，如何用三点法测定突扩段的局部水头损失系数

由于 1-3 段既有局部水头损失又有沿程水头损失，我们只要写出局部水头损失前后两断面的能量方程，求出总水头损失，然后扣除沿程水头损失可得到局部水头损失：

$$h_{je} = \left[\left(z_1 + \frac{p_1}{\gamma} \right) + \frac{\alpha v_1^2}{2g} \right] - \left[\left(z_2 + \frac{p_2}{\gamma} \right) + \frac{\alpha v_2^2}{2g} + h_{f1-2} \right]$$

$$\zeta_e = h_{je} \bigg/ \frac{\alpha v_1^2}{2g}$$

采用三点法计算时，上式中 h_{f1-2} 由 h_{f2-3} 按流长比例换算得出。

动脑想一想，如何用四点法测定突缩段的局部水头损失系数

由于 4-6 段既有局部水头损失又有沿程水头损失，我们只要写出局部水头损失前后两断面的能量方程，求出总水头损失，然后扣除沿程水头损失可得到局部水头损失：

$$h_{js} = \left[\left(z_4 + \frac{p_4}{\gamma} \right) + \frac{\alpha v_4^2}{2g} - h_{f4-B} \right] - \left[\left(z_5 + \frac{p_5}{\gamma} \right) + \frac{\alpha v_5^2}{2g} + h_{fB-5} \right]$$

$$\zeta_s = h_{js} \bigg/ \frac{\alpha v_5^2}{2g}$$

采用四点法计算，上式中 B 点为突缩点，h_{f4-B} 由 h_{f3-4} 换算得出，h_{fB-5} 由 h_{f5-6} 换算得出。

测定局部水头损失系数

（1）打开电子调速器开关，使恒压水箱充水，排除实验管道中的滞留气体。待水箱溢流后，检查泄水阀全关时，各测压管液面是否齐平，若不平，则需排气调平。

（2）打开泄水阀至最大开度，待流量稳定后，测记测压管读数，同时用体积法测记流量。

（3）改变泄水阀开度 3～4 次，分别测记测压管读数及流量。

（4）实验完成后关闭泄水阀，检查测压管液面是否齐平？如不平齐，需重做。

实验成果整理

（1）记录有关常数。　　　　　　　　　　　　　　　实验装置台号 No. _____

实验管道直径 $d_1 = D_1 = $ _____。　$d_2 = d_3 = d_4 = D_2 = $ _____。

$$d_5 = d_6 = D_3 = \text{_____}。$$

实验管道长度 $L_{1-2} = 12\text{cm}$，$L_{2-3} = 24\text{cm}$，$L_{3-4} = 12\text{cm}$，

$$L_{4-B} = 6\text{cm}，\quad L_{B-5} = 6\text{cm}，\quad L_{5-6} = 6\text{cm}。$$

（2）理论法确定局部水头损失

$$\xi'_e = \text{_____}$$

$$\xi'_s = \text{_____}$$

（3）实验法确定局部水头损失系数

整理测得数据（记录表 4.2），并计算突然扩大局部水头损失系数 ξ_e 和突然缩小局部水头损失系数 ξ_s（计算表 4.3）

$$\xi_e = \text{_____}$$

$$\xi_s = \text{_____}$$

（4）将实测值 ξ 与理论值 ξ' 进行比较。

记录表 4.2

测次	流量/(cm³/s)			测压管读数/cm					
	体积	时间	流量	1	2	3	4	5	6

计算表 4.3

阻力形式	测次	流量/(cm³/s)	前断面		后断面		局部水头损失 h_j	局部水头损失系数 ξ
			流速水头 $\dfrac{v^2}{2g}$/cm	总水头 E/cm	流速水头 $\dfrac{v^2}{2g}$/cm	总水头 E/cm		
突然扩大								
突然缩小								

【实验分析与交流】

1. 结合流动演示仪演示的水力现象，分析局部水头损失产生的机理是什么？产生突扩段与突缩段局部水头损失的主要部位在哪里？怎么减小局部水头损失？

2. 结合实验成果，分析对比突扩段与突缩段在相应的条件下局部水头损失大小的关系？

3. 理论法和实验法测定的局部水头损失系数对比。

4. 现备有一段长度及连接方式与实验图 4.2 中的调节阀相同，内径与实验管道相同的直管段，如何用两点法测量阀门的局部水头损失？

【实验归纳与整理】

局部水头损失发生在水流流速的大小和方向突然改变的地方，比如：在管道断面突然扩大或缩小处、阀门和弯头等边界形状急剧改变的地方，发生局部水头损失。在测量局部水头损失时要注意的是这些地方不但有局部水头损失还有沿程水头损失。由于这些地方局部水头损失远远大于沿程水头损失，为计算方便，因此通常这些地方只考虑局部水头损失的存在。

习　题　4

4.1　判断题

1. 无论是圆管水流还是明渠水流，水流形态判别的临界雷诺数均为 2000。

（　　）

2. 圆管中层流的雷诺数必然大于 2000。　　　　　　　　　　　　　（　　）

3. 层流一定是均匀流，紊流一定是非均匀流。　　　　　　　　　　（　　）

4. 根据达西公式 $h_f = \lambda \dfrac{l}{d} \dfrac{v^2}{2g}$，层流沿程水头损失与流速平方成正比。　　（　　）

5. 紊流粗糙区的沿程水头损失系数只与雷诺数有关。　　　　　　　（　　）

6. 黏滞性是液体产生水头损失的内因。　　　　　　　　　　　　　（　　）

4.2　选择题

1. 已知突扩前后有压管道的直径之比 $d_1 : d_2 = 1 : 2$，则突扩前后断面的雷诺数之比为（　　）

A. 2　　　　　　　　B. 1　　　　　　　　C. 0.5　　　　　　　　D. 0.25

2. 一输水管道，在流量和温度一定时，随着管径的减小，水流的雷诺数就（　　）

A. 增大　　　　　B. 减小　　　　　C. 不变　　　　　D. 不定

3. 层流的沿程水损系数 λ 与（　　）有关

A. 与雷诺数有关　　　　　　　　　B. 与管壁粗糙程度有关

C. 与雷诺数及管壁粗糙程度有关　　D. 与雷诺数和管长有关

4.3　填空题

1. 实际液体在流动时产生水头损失的内因是＿＿＿＿＿＿＿＿＿＿＿＿＿，外因是＿＿＿＿＿＿＿＿＿＿＿。

2. 雷诺实验揭示了液体存在＿＿＿＿＿＿＿＿和＿＿＿＿＿＿＿＿两种流态，并可用＿＿＿＿＿＿＿＿来判别液流的流态。

3. 在等直径长直管道中，液体的温度不变，当流量逐渐增大，管道内的雷诺数

Re 将逐渐_____。

4. 水流的总水头损失 h_w 应由_____和_____两部分组成，产生水头损失的原因是_____。

5. 雷诺数 Re 可用于_____的判别，对明渠水流，_____时水流为紊流，当_____时水流为层流。

4.4 简答题

1. 产生水流阻力和水头损失的原因是什么？

2. 水头损失有几种？分别写出其计算公式并说明各项的含义。

3. 水流在管道中作均匀流动时，沿程水头损失与哪些因素有关？

4. 什么叫层流和紊流？怎样判别？在水利工程中绝大部分水流属于何种形态？

5. 当管径一定，水温不变（即 ν 不变），加大流量，问：雷诺数如何变化？若流量一定，管径增大，则雷诺数又如何变化？

4.5 计算题

1. 一矩形渠道，底宽为 1.0m，水深为 0.2m，若水流流速为 0.5m/s，水温为 20℃，试判别流动形态。

2. 一输水圆管，水流流速为 1.0m/s，水温为 25℃，管径为 100mm，试判别水流形态。

3. 管道直径 $d=10$mm，通过流量 $Q=20$cm³/s，运动黏度 $\nu=0.0101$cm²/s。问管中水流流态属层流还是紊流？若将直径改为 $d=30$mm，水温、流量不变，问管中水流属何种流态？

4. 某矩形断面水槽，底宽 $b=0.2$m，水深 $h=0.4$m，实测断面平均流速 $v=0.10$m/s，水温 $T=20$℃时运动黏滞系数 $\nu=1.0\times10^{-6}$m²/s，判断槽内水流的流态，并求在水深不变时，保持紊流状态的最小流速。

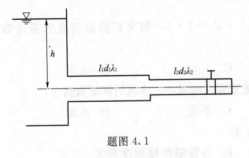

题图 4.1

5. 如题图 4.1 所示，从水箱接出一管路，布置如图所示。若已知：$d_1=150$mm、$l_1=25$m、$\lambda_1=0.03$；$d_2=100$mm、$l_2=10$m、$\lambda_2=0.04$，$\zeta_{进口}=0.5$，$\zeta_{缩小}=0.7$，$\zeta_{闸阀}=2.0$，需要输送流量 $Q=25$L/s，求沿程水头损失 h_f 及局部水头损失 h_j。

6. 有一混凝土衬砌的引水隧洞，糙率 $n=0.014$，洞径 $d=2.0$m，洞长 $L=1000$m，求引水隧洞通过流量 $Q=5.65$m³/s 时的沿程水头损失。

7. 有一浆砌块石的矩形断面渠道，宽 $b=6$m，当 $Q=14.0$m³/s 时，渠中均匀水深 $h=2$m，糙率 $n=0.025$，试求 500m 长渠道中的沿程水头损失。

8. 为了测定 AB 管段的沿程阻力系数 λ 值，可采用如题图 4.2 所示的装置。已知 AB 段的管长为 10m，管径为 50mm，今测得实验数据如下：①A、B 两测压管水头差为 0.80m；②经 90s 流入水箱的水的体积为 0.247m³。试求该管段的沿程阻力系数 λ，谢才系数 C；用曼宁公式求得的粗糙系数 n。

9. 测定 90°弯管的局部水头损失系数的实验装置如题图 4.3 所示。已知实验段 AB 长 10m，管径 $d=0.05$m，弯管的曲率半径 $R=d$，管段的沿程水头损失系数 $\lambda=0.0264$，实测 AB 两端测压管水头差 $\Delta h=0.63$m，100s 流入量水箱的水体体积为 0.028m^3，试求弯管局部水头损失系数。

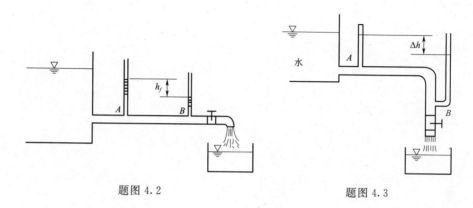

题图 4.2　　　　　　　　　　题图 4.3

下篇
工程应用篇

【学习内容】

工程应用篇研究有压管道特点及水力计算分析、明渠均匀流特点及水力计算分析、明渠非均匀流特点及水力计算分析、水工建筑物泄流能力分析、渗流定律、井和廊道的渗流量计算分析、水力要素测量技术等内容。

【学习方法】

工程应用篇以实用、够用为原则，学习时，以工程中所涉及的与水力相关的案例为载体，进行水力分析，重点理解水力应用在水利施工、运行管理中所起的作用。

第5章 管 流

【学习指导】

通过本章的学习，同学们能解决以下问题：

1. 能区分长管、短管。
2. 能进行短管、长管的水力计算。
3. 能按照职业能力要求，分析水泵的水力计算方法和虹吸管的水力计算方法。
4. 能区分孔口和管嘴出流计算方法和出流特点。

5.1 管 流 认 知

5.1.1 管流的定义和特点

在生产和生活中，人们为了供水和排水的需要，常常设置各种有压输水管道。例如水库的泄洪隧洞，农业灌溉工程中的虹吸管、倒虹吸管，水泵的吸水管和压水管，以及市政工程中的自来水管网、室内给水系统等。这些管中的水流充满整个管道断面，称为有压流，又称为管流，其特点是水流充满整个管道断面，没有自由表面。

5.1 Ⓟ
管流认知

5.2 ▣
管流认知测试

> 问题思考
>
> 举例：通常情况下，室内的给水管道与排水管道，哪个属于管流？
>
> 提示：排水管道通常会做伸顶通气，防止水封破坏。给水管道通常接市政管道直接供水。

与河渠水流一样，管流也分恒定流和非恒定流，管中各点流速、压强等随时间不变的流动称为恒定流，反之，称为非恒定流。本章只讨论恒定流中的简单管道水流。

5.1.2 有压管道的分类

为便于水力计算，常把管道分为长管和短管，它不是按管道的长短区分，而是按管道中沿程水头损失和局部水头损失的大小区分的。长管是指有压管道中的沿程水头损失较大，局部水头损失和流速水头较小，后二者之和占沿程水头损失的5%以下，可忽略不计的管道；短管是指局部水头损失和流速水头之和占沿程水头损失的5%以上，而不能忽略的管道。

5.1.3 常见的长管与短管的类型举例

一般自来水管道可视为长管。虹吸管、倒虹吸管、坝内泄水管、抽水机的吸水管等可按短管计算。

以上管道的布置情况可分为简单管道和复杂管道两种。简单管道指管径沿程不变的单根管道，如图 5.1（a）所示。复杂管道指两根以上管道组合而成的管道，复杂管道按不同的组合情况，又分为串联管道［图 5.1（b）］、并联管道［图 5.1（c）］和分叉管道［图 5.1（d）］三种最基本组合管道。此外，还有由简单管道和三种基本组合管道混合组成的管道，如自来水管网。在水力计算中，常把复杂管道分解成各个简单管道来计算，简单管道计算在水力计算中是最基本的。

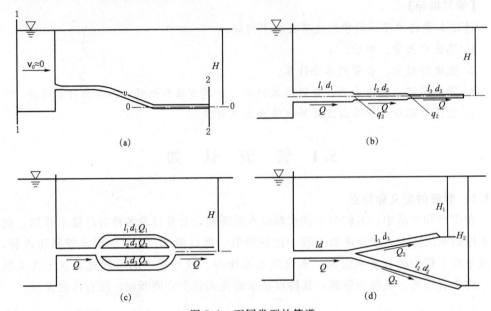

图 5.1 不同类型的管道

5.2 管 道 的 水 力 计 算

5.2.1 短管

短管的水力计算可分为两种情形，一种是管道出口水流直接流入大气中的自由出流，如图 5.2（a）所示；另一种是管道出口在下游水面以下的淹没出流，如图 5.2（b）所示。

1. 自由出流

自由出流（图 5.3）的流量计算公式为

$$Q = \mu_c A \sqrt{2gH} \tag{5.1}$$

式中　Q——流量；

A——过水断面；

μ_c——管道的流量系数；

H——管道出口断面中心与上游水面的高差；

g——重力加速度。

（a）自由出流　　　　　　　　（b）淹没出流

图 5.2　自由出流和淹没出流

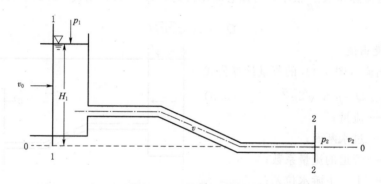

图 5.3　自由出流示意图

问题思考

如果想要改变自由出流的流量，请问同学们，我们可以采取什么方法？

根据以前学过的能量方程计算方法，自己试一试，推导一下式（5.1）。

$$H_1 + \frac{p_1}{\gamma} + \frac{v_0^2}{2g} = 0 + \frac{p_2}{\gamma} + \frac{v_2^2}{2g} + h_{w1-2}$$

因　　　　　$p_1 = p_2 = p_a \quad v_2 = v \quad h_{w1-2} = \left(\lambda \frac{L}{d} + \Sigma \zeta\right)\frac{v^2}{2g}$

故

$$H_1 + \frac{v_0^2}{2g} = \frac{v^2}{2g} + \left(\lambda \frac{L}{d} + \Sigma \zeta\right)\frac{v^2}{2g} = \left(1 + \lambda \frac{L}{d} + \Sigma \zeta\right)\frac{v^2}{2g}$$

令　　　　　$$H_0 = H_1 + \frac{v_0^2}{2g}$$

移项整理得管道自由出流计算公式为

$$v = \frac{1}{\sqrt{1 + \lambda \dfrac{L}{d} + \Sigma \zeta}} \sqrt{2gH_0}$$

管道过水面积为 A，则流量为

$$Q = Av = \frac{A}{\sqrt{1 + \lambda \dfrac{L}{d} + \Sigma \zeta}} \sqrt{2gH_0}$$

上式又可写为

$$Q = \mu_c A \sqrt{2gH_0} \qquad\qquad (5.2)$$

式中　$\mu_c = \dfrac{1}{\sqrt{1 + \lambda \dfrac{L}{d} + \Sigma \zeta}}$ 称为管道的流量系数；

H_0——包括行近流速水头在内的总水头。

当行近流速水头 $\dfrac{v_0^2}{2g}$ 很小，可以忽略不计时，$H_0 = H$，则式（5.2）可改写为

$$Q = \mu_c A \sqrt{2gH}$$

2. 淹没出流

淹没出流（图 5.4）的流量计算公式

$$Q = \mu_c A \sqrt{2gZ} \qquad (5.3)$$

式中　Q——流量；

A——过水断面；

μ_c——管道的流量系数；

Z——上、下游水位差；

g——重力加速度。

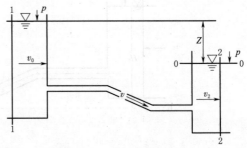

图 5.4　淹没出流示意图

问题思考

式（5.1）与式（5.3）有何不同？它们各在什么情况下使用？

根据以前学过的能量方程计算方法，自己试一试，推导一下式（5.3）。

$$Z + \frac{p_1}{\gamma} + \frac{v_0^2}{2g} = 0 + \frac{p_2}{\gamma} + \frac{v_2^2}{2g} + h_{w1-2}$$

其中 $p_1 = p_2 = 0$，并令 $Z_0 = Z + \dfrac{v_0^2}{2g}$，因管道进口处水池断面面积一般很大，故 $\dfrac{v_0^2}{2g}$

≈ 0，$h_{w1-2} = \left(\lambda \dfrac{L}{d} + \Sigma \zeta' \right) \dfrac{v^2}{2g}$，代入上式可得

$$Z_0 = \left(\lambda \frac{L}{d} + \Sigma \zeta' \right) \frac{v^2}{2g}$$

移项整理得管道淹没出流计算公式：

$$v = \frac{1}{\sqrt{\lambda \frac{L}{d} + \sum \zeta}} \sqrt{2gZ_0} \qquad (5.4)$$

$$Q = \mu_c A \sqrt{2gZ_0} \qquad (5.5)$$

式中 $\mu_c = \dfrac{1}{\sqrt{\lambda \dfrac{L}{d} + \sum \zeta}}$ 称为流量系数。

$Z_0 = Z + \dfrac{v_0^2}{2g}$ 为包括行近流速水头在内的上、下游水位差，当行近流速水头 $\dfrac{v_0^2}{2g}$ 很小，可以忽略不计时，$Z_0 = Z$，则上式可改写为

$$Q = \mu_c A \sqrt{2gZ}$$

因图 5.3、图 5.4 的管线布置完全一致，故沿程水头损失 $\lambda \dfrac{L}{d}$ 也相同，那么我们来看看淹没出流局部水头损失系数 $\sum \zeta'$。因淹没出流时，出口突然增加扩大损失项，$\zeta_\text{出} = 1$，其他各项局部水头损失系数与自由出流相同，故 $\sum \zeta' = \sum \zeta + 1$，那么

$$\mu_c = \frac{1}{\sqrt{\lambda \dfrac{L}{d} + \sum \zeta'}} = \frac{1}{\sqrt{\lambda \dfrac{L}{d} + \sum \zeta + 1}}$$

因此，对于管线布置完全相同的淹没出流和自由出流，流量系数 μ_c 也相同。

5.2.2 总水头线和测压管水头线的绘制

有压管流的压强一般都大于零，但局部管段轴线位置偏高、流速大，管道内会出现负压，如果负压过大，水流不稳定，就会出现空化现象，使得管壁发生空蚀破坏。因此有压管道需要绘制管道的测压管水头线，避免出现过大的负压。

在绘制总水头线时注意，如管道水流为均匀流，因流速沿程不变，故沿程水头损失与管段长度成正比，水力坡度为一常数，其总水头线应为向下游倾斜的直线；管段局部水头损失可以假定集中地发生在引起局部损失的所在断面上，总水头线为一竖直下降的直线。这样，即可绘出总水头线。

在有了总水头线后，减去流速水头，即可得出测压管水头线。当管径不变、水流为均匀流时，各断面流速水头相等，则测压管水头线和总水头线平行。

通过以上分析，总结绘制管道水头线步骤如下：

（1）画出管道的理想液体总水头线为一条与液面高度平行的直线。

（2）从理想液体的总水头线向下量取从管道起点至所讨论断面的总水头损失，得到实际液体的总水头线。

（3）从总水头线向下量取各断面的流速水头，所得端点的连线为测压管水头线。

按照上述方法绘制的管道总水头线和测压管水头线如图 5.5 所示，其中任一断面的测压管水头线与管道中心线的垂直距离为该断面中心点的压强水头。如测压管水头线在某断面中心的上方，则该断面中心的压强为正值；测压管水头线在某断面中心的下方，则该断面中心点的平均压强为负值。

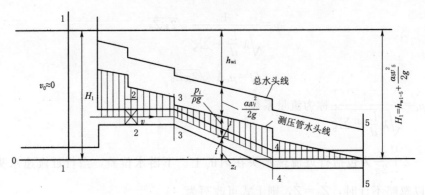

图 5.5 压力管道总水头线与测压管水头线

5.2.3 长管

对于长管的水力计算，如图 5.6 所示，同样可以建立能量方程式（见短管水力计算），只是把局部水头损失和流速水头忽略不计，即

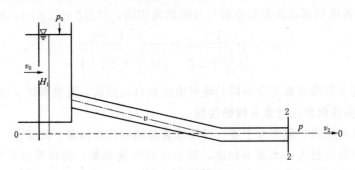

图 5.6 长管

$$H_1 + \frac{p_1}{\gamma} + \frac{v_0^2}{2g} = 0 + \frac{p_2}{\gamma} + \frac{v_2^2}{2g} + h_{w1-2}$$

因 $p_1 = p_2 = p_a$，$h_{w1-2} = h_f$，$\frac{v_0^2}{2g}$ 与 $\frac{v_2^2}{2g}$ 为流速水头，忽略不计。

所以

$$h_f = H_1 \tag{5.6}$$

式中　H_1——为管路出口断面中心与上游水位的高差（对于自由出流），或上下游水位差（对于淹没出流）；

　　　　h_f——为沿程水头损失，可用达西和谢才公式求出。

5.3 虹 吸 管 及 水 泵

生活链接

　　生活中，同学们是否见过图 5.7 的现象或遇到过类似的事情，这种现象叫做虹吸现象。

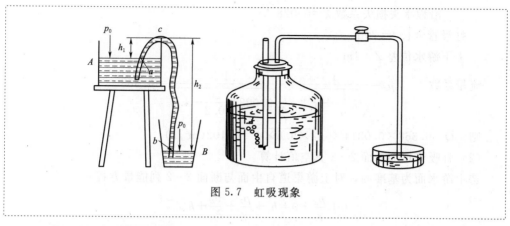

5.5 ℗

虹吸管及
水泵

5.6

虹吸管及
水泵测试

图 5.7 虹吸现象

5.3.1 虹吸管水力计算实例

若输水管道的一部分高于供水水源的水面，这种管道就称为虹吸管，如图 5.7 所示。虹吸管也是一种压力管道，其工作原理是：先将管内空气排走，使管内形成一定的真空值，由于虹吸管进口处水面的压强为大气压，因此在管内外形成压强差，这时，水源的水便从管口上升到管的顶部，于是虹吸作用产生。只要虹吸管内的真空现象不被破坏，并且保持上、下游一定的水位差，水就源源不断地由上游通过虹吸管流向下游。为了使虹吸管能正常工作，管内真空值也不能太大。管内真空值太大，易产生空化现象。实践证明，一般不宜超过 6~8m 水柱高。因此，虹吸管顶部的安装高度也就受到一定的限制。虹吸管水力计算主要有两项：

（1）计算虹吸管的出流量；

（2）确定虹吸管顶部的安装高度 h_s。

【例 5.1】 如图 5.8 所示，某一虹吸管为新铸铁管，全长 20m，沿程水头损失系数 $\lambda = 0.028$，直径 $d = 200mm$，由进口到断面 2-2 管长 $L_1 = 12m$，上下游水位差 $Z = 4m$，虹吸管安装高度 $h_s = 3.0m$，局部水头损失系数，转弯处 $\xi_{弯} = 0.3$，进口处 $\xi_{进口} = 3.0$，$\xi_{出口} = 1.0$，计算虹吸管中的流量，并校核管顶断面 2-2 的真空值。

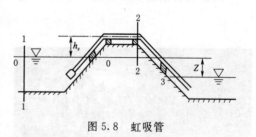

图 5.8 虹吸管

解：

（1）虹吸管流量计算。

根据淹没出流公式，若不计行近流速影响，即 $\frac{v_0^2}{2g} = 0$，计算其流量，即

$$Q = \mu_c A \sqrt{2gZ}$$

已知 过水面积 $A = \frac{\pi d^2}{4} = \frac{3.14 \times 0.2^2}{4} = 0.0314 \ (m^2)$

局部水头总损失系数 $\sum \zeta = 3.0 + 0.3 \times 2 + 1 = 4.6$

97

沿程水头损失系数 $\lambda = 0.028$

虹吸管全长 $l = 20\mathrm{m}$

上下游水位差 $Z = 4\mathrm{m}$

流量系数 $\quad \mu_c = \dfrac{1}{\sqrt{\lambda \dfrac{L}{d} + \sum \zeta}} = \dfrac{1}{\sqrt{0.028 \times \dfrac{20}{0.2} + 4.6}} = 0.368$

则 $\quad Q = 0.368 \times 0.0314 \times \sqrt{2 \times 9.8 \times 4} = 0.102 (\mathrm{m^3/s})$

（2）虹吸管顶部断面 2—2 真空值计算。

选上游水面为基准面，对上游渠道自由面与断面 2—2 列能量方程式

$$0 + \frac{p_a}{\gamma} + 0 = h_s + \frac{p_2}{\gamma} + \frac{v_2^2}{2g} + h_{w1-2}$$

$$\frac{p_a}{\gamma} - \frac{p_2}{\gamma} = h_s + \frac{v_2^2}{2g} + \left(\lambda \frac{L_1}{d} + \sum \zeta\right) + \frac{v_2^2}{2g}$$

式中 $\dfrac{p_a}{\gamma} - \dfrac{p_2}{\lambda} = h_{真空}$——断面 2—2 的真空值。

所以 $\quad h_{真空} = h_s + \left(1 + \lambda \dfrac{L_1}{d} + \sum \zeta\right) \dfrac{v_2^2}{2g}$

因 $\quad v_2 = \dfrac{Q}{A} = \dfrac{0.102}{0.0314} = 3.25 \ (\mathrm{m/s})$

$\quad \sum \zeta = 3.0 + 0.3 \times 1 = 3.3$

$\quad L_1 = 12 \ (\mathrm{m})$

所以 $\quad h_{真空} = 3.0 + (1 + 0.028 \times \dfrac{12}{0.2} + 3.3) \times \dfrac{3.25^2}{2 \times 9.8} = 6.22 \ (\mathrm{m})$

该虹吸管顶部真空值为 6.22m 水柱，在允许的真空值范围内。

图 5.9 水泵叶轮腐蚀

问题思考

图 5.9 为因气蚀而导致水泵的叶轮破坏。思考：什么原因导致水泵发生气蚀？如何避免？

5.3.2 水泵水力计算实例

水泵即抽水机，是广泛应用于提水的一种设备。在开泵前先将吸水管灌满水，排除空气，再由电动机带动转轮高速运转，转轮内的水因受离心力的作用而被甩向四周，并沿着泵壳内壁从水泵出口排出。经过压水管而进入水塔或用水地区（图 5.10 和图 5.11）。水泵转轮内的水被甩出水泵后，在水泵内形成真空，水源的水在大气压强的作用下，从吸水管进入水泵进行补充。这样连续的作用，就使水源源不断地被送入水塔或用水地区。

水泵装置的水力计算，主要是决定水泵的安装高度 h_s 以及水泵的扬程 H_0，具体

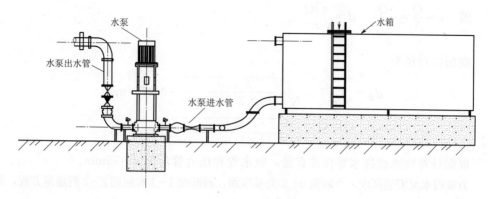

图 5.10 水泵

计算方法见下例说明。

【例 5.2】 某一水泵装置如图 5.12 所示，已知水泵的流量 $Q=40\text{m}^3/\text{h}$，吸水管长度 $L_吸=6\text{m}$，压水管长度 $L_压=20\text{m}$，提水高度 $h_1=16\text{m}$，水管沿程水头损失系数 $\lambda=0.046$，局部水头损失系数 $\xi_弯=0.17$，$\xi_{底阀}=10$，$\xi_{阀门}=0.15$，水泵最大真空值不超过 6m 水柱，若吸水管和压力管内允许流速为 $v_吸=2.5\text{m/s}$，$v_压=3.0\text{m/s}$。计算水泵的允许安装高度及水泵扬程。

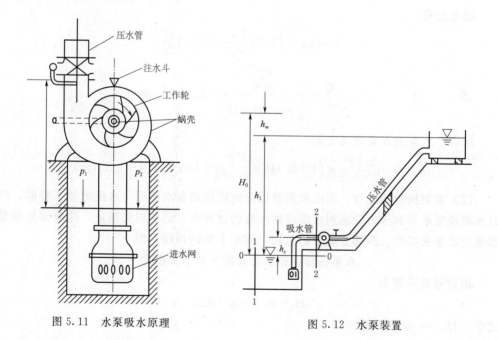

图 5.11 水泵吸水原理　　　　　　图 5.12 水泵装置

解：

（1）水泵允许安装高度。

已知吸水管的允许流速 $v_吸=2.5$ （m/s）

压力管的允许流速 $v_压=3.0$ （m/s）

因 $\quad v=\dfrac{Q}{A}=\dfrac{Q}{\frac{\pi}{4}d^2}\quad d=\sqrt{\dfrac{4Q}{\pi v}}$

则相应管径为

$$d_{吸}=\sqrt{\dfrac{4Q}{\pi v_{吸}}}=\sqrt{\dfrac{4\times40}{3.14\times2.5\times3600}}=0.075(\text{m})$$

$$d_{压}=\sqrt{\dfrac{4Q}{\pi v_{压}}}=\sqrt{\dfrac{4\times40}{3.14\times3.0\times3600}}=0.069(\text{m})$$

根据计算结果选择水管标准直径，吸水管和压力管均为 $d=75\text{mm}$。

为求得水泵安装高度，令断面 0-0 为基准面，对断面 1-1 和断面 2-2 列能量方程，则

$$0+\dfrac{p_a}{\gamma}+\dfrac{v_1^2}{2g}=h_s+\dfrac{p_2}{\gamma}+\dfrac{v_2^2}{2g}+h_{w吸}$$

因 $v_1=0$，所以水泵允许安装高度

$$h_s=\left(\dfrac{p_a}{\gamma}-\dfrac{p_2}{\gamma}\right)-\dfrac{v^2}{2g}-h_{w吸}$$

式中 $\left(\dfrac{p_a}{\gamma}-\dfrac{p_2}{\gamma}\right)$ 为水泵的允许真空值 $h_{真}$；

$$h_{w吸}=\left(\lambda\dfrac{L_{吸}}{d_{吸}}+\sum\zeta_{吸}\right)\dfrac{v^2}{2g}$$

经整理得

$$h_s=h_{真}-\left(1+\lambda\dfrac{L_{吸}}{d_{吸}}+\sum\zeta_{吸}\right)\dfrac{v^2}{2g}$$

$$v=\dfrac{Q}{A}=\dfrac{\frac{40}{3600}}{\frac{1}{4}\times\pi\times0.075^2}=2.52(\text{m/s})$$

所以，水泵允许安装高度为

$$h_s=6-\dfrac{2.52^2}{2\times9.8}\times\left(1+0.046\times\dfrac{6}{0.075}+10+0.17\right)=1.19(\text{m})$$

（2）水泵扬程的选择。水由水源被提升到水塔或蓄水池后，水流增加了势能，同时水源经吸水管和压力管流到水塔或蓄水池的过程中，还要损失能量，这两部分能量都通过水泵来提供。两部分能量的总和，就是水泵的扬程，即

水泵扬程＝提水总高度＋总水头损失

用符号表示则为

$$H_0=h_1+h_{w吸}+h_{w压}$$

式中　H_0——水泵扬程；

$\quad\quad h_1$——提水总高度。

因 $\quad\quad h_{w压}=\left(\lambda\dfrac{L_{压}}{d_{压}}+\sum\zeta_{压}\right)\dfrac{v^2}{2g}$

$$=\left(0.046\times\dfrac{20}{0.075}+0.15+2\times0.17+1\right)\times\dfrac{2.52^2}{2\times9.8}$$

$$=4.46(\mathrm{m})$$

$$h_{\mathrm{w}吸}=\left(\lambda\frac{L_吸}{d_吸}+\sum\zeta_吸\right)\frac{v^2}{2g}$$

$$=\left(0.046\times\frac{6}{0.075}+10+0.17\right)\frac{2.52^2}{2\times9.8}$$

$$=4.49(\mathrm{m})$$

故水泵扬程　　　　　$H_0=16+4.46+4.49=24.95(\mathrm{m})$

根据计算出的水泵扬程 H_0 及流量 Q，即可在产品目录中选用适当型号的水泵。

职业能力的要求

　　学习水泵的安装高度和扬程的计算后，大家能够掌握如何为水泵的选型以及掌握水泵安装的水力技术要求。

5.4 孔口和管嘴出流

　　在装有水的容器侧壁或底部开一孔口，则水将从孔口流出，这种流动现象称为孔口出流，如图 5.13（a）所示。如在孔口上加设一个短管，而且短管长度是孔口直径的 3～4 倍，则此短管叫作管嘴，液体经过管嘴流动的现象叫作管嘴出流，如图 5.13（b）所示。

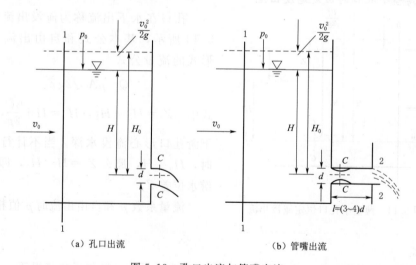

（a）孔口出流　　　　　　　　　（b）管嘴出流

图 5.13　孔口出流与管嘴出流

　　孔口和管嘴出流有恒定出流和非恒定出流两种。当水经孔口及管嘴出流时，容器中水面不随时间而变化的为恒定出流。否则为非恒定出流。本节只讨论孔口和管嘴的恒定出流情况。

　　在其他条件相同的情况下，孔口出流［图 5.13（a）］和管嘴出流［图 5.13（b）］哪种情况下流量大？

　　实验探究：准备秒表、量筒、恒定管嘴出流设备、恒定孔口出流设备，用体积法测定其流量进行对比。

结论：在同等条件下，管嘴的出流能力大于孔口的出流能力。

原理分析：水流进入管嘴后，由于惯性力作用发生收缩现象，形成收缩断面 C-C，在断面 C-C 处产生真空，由于真空的存在，如同水泵吸水管一样把水吸出，加大了作用水头，致使在同等条件下，管嘴的出流流量大于孔口。

5.4.1　薄壁小孔口恒定出流的流量

薄壁是指水体经孔口流出时，水流与孔壁仅在一条直线上接触。容器壁的厚度对水流现象无影响，这种孔口称为薄壁孔口。孔口有大孔口和小孔口之分，以孔口直径 d（或高度 e）与孔口形心在水面下的深度 H 之比为标准，若 $d \leqslant \dfrac{H}{10}$ 时称为小孔口；反之，当 $d > \dfrac{H}{10}$ 时，称为大孔口。本节只讨论小孔口恒定出流。

水体经孔口直接流入大气，称为自由出流，如图 5.13（a）所示，基本公式为

$$Q = \mu A \sqrt{2gH_0} \tag{5.7}$$

式中　μ——孔口的流量系数，由实验得知，$\mu = 0.60 \sim 0.64$，取均值 $\mu = 0.62$；

　　　A——孔口的断面面积，m^2；

　　　H_0——水面至孔口形心水深及其行近流速水头 $\dfrac{v_0^2}{2g}$ 之和，即 $H_0 = H + \dfrac{v_0^2}{2g}$，m。

2. 薄壁小孔口的恒定淹没出流

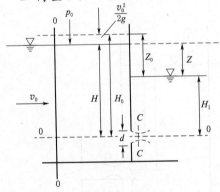

孔口在水下出流称为淹没出流，如图 5.14 所示，基本公式和自由出流为同一形式的流量公式

$$Q = \mu A \sqrt{2gZ_0} \tag{5.8}$$

式中　$Z_0 = H_0 - H_1$，$H_0 = H + \dfrac{v_0^2}{2g}$，$H_1$ 为下游孔口形心淹没水深。当不计行近流速时，$H_0 = H$，那么 $Z_0 = H - H_1$，即为上下游水位差 Z。

流量系数 μ 和自由出流时 μ 值相同。

图 5.14　薄壁小孔口恒定淹没出流

比一比

在孔口的流量系数、孔口断面积、水面至孔口形心水深相同的情况下，自由出流和淹没出流哪个流量大？

5.4.2　小孔口管嘴恒定出流的流量

管嘴的恒定出流分为两种，一是自由出流，二是淹没出流。

管嘴自由出流的流量公式为　　$Q = \mu A \sqrt{2gH_0}$ 　　　　　(5.9)

管嘴淹没出流的流量公式为　　$Q = \mu A \sqrt{2gZ_0}$ 　　　　　(5.10)

式中 A——管嘴出口断面面积，m^2。

管嘴与孔口的恒定流量基本公式是一样的，不同之处在于流量系数 μ 值不同，图 5.15 (a)为实验测定圆柱形管嘴 $\mu=0.82$；图 5.15 (b) 为圆锥形收缩管嘴（当 $\alpha=13°24'$ 时）$\mu=0.96$；图 5.15 (c) 为圆锥形扩张管嘴（当 $\alpha=5°\sim7°$ 时）$\mu=0.45\sim0.50$；图 5.15 (d) 为流线型管嘴 $\mu=0.98$。可见，不同形状管嘴，其流量系数 μ 值也不相同。

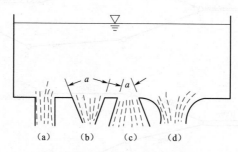

图 5.15 小孔口管嘴恒定出流

比一比

在水面至管嘴形心水深相同的情况下，哪种类型的管嘴流量大？

阅读材料

管 网 水 力 计 算

在农田节水灌溉用水、水电站输水及城市工业和居民区生活用水等给水工程中，通常采用各种类型的管道组合成管网给水系统。管网一般分为两类：一类是在输水干管上连接若干根支管所组成的管网，称为枝状管网；另一类为环状管网，即管道将枝状管网各尾端连接起来，形成闭合环路，这种管网一般用于大型的重要给水工程。环状管网中的流量可以自行调节，当某管段发生故障时，可以从另一个环路进行供水而不会中断。为了简化计算，管网一般按长度计算，局部水头损失可按照沿程水头损失的百分比进行估算，如图 5.16 所示。

枝状管网：新设计的枝状管网的水力计算，主要任务是已知管线布置、各管段长度、各管段中应通过的流量和供水端点所要求的自由水头（端点剩余压强水头），要求确定各管段的直径和设计供水水源所需要的水头值 H_0。对于已经建成的管网，当增加支管或减少支管时，需要对整个管网重新进行计算，这时已知水头 H，分别计算管网中各管段的流量。

环状管网：环状管网的布置是根据管网区域的要求和地形来确定的。根据用户需要确定各个节点的流量。水在环状管网中的流动同样必须遵循水流运动的两个基本原理：连续性方程和能量方程，即环状管网必须满足下列两个条件：①对于任一个节点来说，流入和流出的流量应该相等。以流入节点流量为正，流出节点的流量为负，则

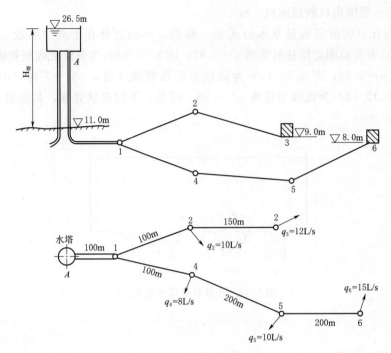

图 5.16 枝状管网

任一个节点处流量的代数和为零。②对于管网中任何一个闭合环路，若以顺时针方向水流的水头损失为正，逆时针方向为负，则闭合环路的水头损失的代数和为零。可以采用渐进分析法计算环状管网，如图 5.17 所示。

压力管中的水击现象

水利工程中除会遇到管道恒定流外，还会遇到管道非恒定流问题。

物理学中把扰动在介质中的传播现象称为波。管道中的非恒定流也是一种波，它们是由某

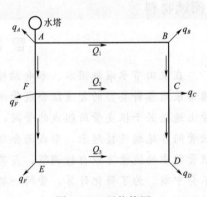

图 5.17 环状管网

种原因引起水中某处水力要素如流速、流量、压强等变化，并沿管道传播和反射的现象。波所到之处，破坏了原先的恒定流状态，使该处水力现象发生显著的变化。引起水流扰动的原因是多方面的，如水电站和水泵站在运行时，系统中发生突然事故，或某个大型用电设备启动或停机，则要求迅速增加或减少负荷，即要求迅速调节引水管道的阀门（或水轮机的导叶）开度，改变电站（或水泵站）的引用流量，调节出力。当管道阀门（或导叶）突然关闭时，由于管中流速突然减小，使压强急剧增加。反之，当阀门突然开启时，管中流速突然增大，则压强急剧减小。如果在管道上安装测压设备，可以直接观测到管中出现大幅度变化的压强波动现象。由于管中压强迅速变化，且幅度大，易引起管道变形，甚至破裂。这

种由于阀门的突然启闭引起管中压强急剧升降的波动现象，称为管道非恒定流。又由于管中压强波动过程中伴有锤击般的声响和振动，所以又称此种非恒定流为水击。

以压强升高为特征的水击，称为正水击；反之以压强降低为特征的水击，称为负水击。正水击时的压强升高可以超过管中正常压强的许多倍，可能导致压力管道破裂和水电站（或水泵站）的破坏。负水击时的压强降低，可能使管中发生不利的真空。因此，必须对水击这一特殊的水流现象加以研究，以便采取一些工程措施，减小水击的危害。

在前面各章的学习中，均把水体看作是不可压缩的，即管壁是刚性的。但在水击问题研究中，由于水击压强的升高或降低的数值是很大的，水流的压缩性和膨胀性就会充分显示出来，因此必须考虑水体的压缩性及管壁的弹性，否则将导致错误的结论。

工程上常常采取以下措施来减小水击压强。

（1）延长阀门（或导叶）的启闭时间 T。工程中总是力求避免发生直接水击，并尽可能地设法延长阀门的启闭时间。但要注意，根据水电站运行的要求，阀门启闭时间的延长是有限度的。

（2）缩短压力水管的长度。压力管道愈长，则水击波以速度 c 从阀门处传播到水库，再由水库反射回阀门处所需要的时间也愈长，这样，在阀门处所引起的最大水击压强也就愈不容易得到缓解。因此，在水电站或水泵站等工程设计中，应尽可能缩短压力管道的长度。

（3）在压力管道中设置调压室。若压力管道的缩短受到条件的限制时，可根据具体情况，在管道中设置调压室。这时水击的影响主要限制在调压室与水轮机间的管段内，实际上等于缩短了压力管道的长度。

（4）减小压力管中的流速 v_0。减小压力管道中的流速，实际上相当于减小了发生水击时流速改变的幅度，从而可降低水击压强。但要减小流速，必然要加大管径，增加工程投资。因此，有时可在压力管道末端设置空放阀。当阀门突然关闭时，可用空放阀将管内的部分流量从旁边放出去，这同样会达到减小管中流速的效果，从而减小水击压强。

习　题　5

5.1　填空题

1. 在长管计算时，可以忽略＿＿＿＿＿＿＿＿水头损失和＿＿＿＿＿＿＿＿水头。

2. 管流按出流不同，可分为自由出流和＿＿＿＿＿＿＿＿出流。

3. 恒定管流的水力计算按出流情况可分为两种：一种是管道的出口水流，直接流入空气中的＿＿＿＿＿＿＿＿；另一种是出口在水面以下的＿＿＿＿＿＿＿＿。

4. 水泵扬程＝＿＿＿＿＿＿＿＿＋＿＿＿＿＿＿＿＿。

5.2　单项选择题

1. 根据管道水头损失计算方法的不同，管道可以分为（　　　）。

A. 长管和短管　　　　　　　　　　B. 复杂管道和简单管道

C. 并联管道和串联管道

2. 按短管进行水力计算的管路是（ ）。

A. 虹吸管　　　　B. 环状管网　　　　C. 枝状管网

3. 长管与短管的区分是考虑管道的局部水头损失与速度水头之和是否大于沿程水头损失的（ ）。

A. 20%　　　　　B. 30%　　　　　C. 50%　　　　　D. 5%

4. 短管淹没出流计算时，作用水头为（ ）。

A. 短管出口中心至上游水面高差　　B. 短管出口中心至下游水面高差

C. 上下游水面高差

5. 作用水头相同时，孔口的过流量要比相同直径管嘴的过流量（ ）。

A. 大　　　　　　B. 小　　　　　　C. 相同　　　　　D. 无法确定

6. 外延管嘴正常工作的条件是（ ）。

A. 管长大于 $3\sim4$ 倍的管径

B. 作用水头小于 $0.75H_0$

C. 作用水头大于 $0.75H_0$

D. 管长 $l=(3\sim4)d$，作用水头 $H<0.75H_0$

5.3　简答题

1. 为什么管嘴出流时，阻力增加了，泄流量反而增大？

2. 外延管嘴的正常工作条件是什么？

3. 为什么外延管嘴出流比同等条件下孔口出流的流量大？

4. 虹吸管和水泵的工作原理是什么？

5.4　计算题

1. 题图 5.1 所示一跨河倒虹吸管，圆形断面直径 $d=0.8$m，长 $l=50$m，两个

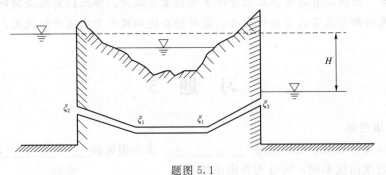

题图 5.1

$30°$折角、进口和出口的局部水头损失系数分别为 $\zeta_1=0.2$，$\zeta_2=0.5$，$\zeta_3=1.0$，沿程水力摩擦系数 $\lambda=0.024$，上下游水位差 $H=3$m。求通过的流量 Q。

2. 如题图 5.2 所示，两个水池，它们之间用直径 $d=0.5$m 的管道相连接。管道的沿程水头损失系数 $\lambda=0.02$，管道长 $L=100$m，管道的流量 $Q=0.2$m^3/s。查表得进口局部阻力系数 $\xi_1=0.5$，弯头的局部阻力系数 $\xi_2=0.294$，闸门的局部阻力系数 $\xi_3=5.52$，出口局部阻力系数 $\xi_4=1.0$，试求两水池的水位高差是多少？

3. 某水泵流量 $Q=0.15\text{m}^3/\text{s}$，吸水管长 $l_1=5\text{m}$，压水管长 $l_2=20\text{m}$，管径 $d=0.25\text{m}$，提水高度 $z=20\text{m}$，局部水头损失系数如题图 5.3 所示，$\xi_1=3.5$，$\xi_2=0.4$，$\xi_3=0.4$，$\xi_4=0.4$，$\xi_5=1.0$，沿程水头损失系数 $\lambda=0.031$，计算水泵的扬程 H。

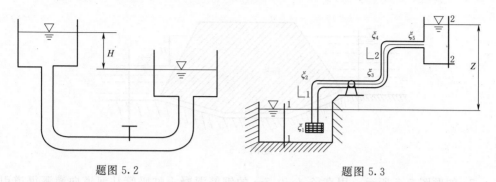

题图 5.2　　　　　　　　　　题图 5.3

4. 如题图 5.4 所示，有一虹吸管，作用水头 $H_1=1.5\text{m}$，$H_2=2.0\text{m}$，管长 $l_1=l_2=5.0\text{m}$，管径 $d_1=d_2=0.1\text{m}$，沿程损失系数 $\lambda=0.02$，进口设栏污栅，进口局部损失系数 $\zeta_1=10.0$，弯管局部损失系数 $\zeta_2=0.15$。求该虹吸管的过流量、管中最大真空值。

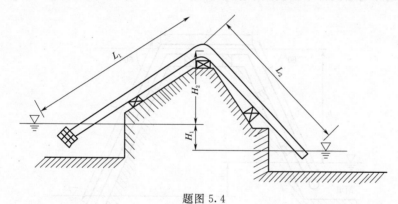

题图 5.4

5. 一水塔供水系统如题图 5.5 所示，已知管道末端要求的自由水头 $H_z=10\text{m}$，管径 $D_1=450\text{mm}$，$D_2=350\text{mm}$，$D_3=250\text{mm}$，管长 $L_1=100\text{m}$，$L_2=100\text{m}$，$L_3=100\text{m}$，$q_1=0.10\text{m}^3/\text{s}$，$q_2=0.08\text{m}^3/\text{s}$，$q_3=0.05\text{m}^3/\text{s}$，管道的粗糙系数 $n=0.02$。试确定水塔高度 H。

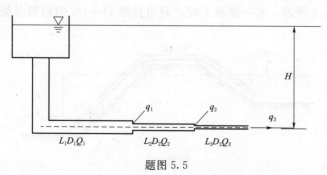

题图 5.5

6. 如题图 5.6 所示，圆形有压涵管穿过路基，管长 $l=50\mathrm{m}$，管径 $d=1.0\mathrm{m}$，上下游水位差 $H=3\mathrm{m}$，管路沿程阻力系数 $\lambda=0.03$，局部阻力系数：进口 $\zeta_e=0.5$，弯管 $\zeta_b=0.65$，水下出口 $\zeta_{se}=1.0$，求通过流量。

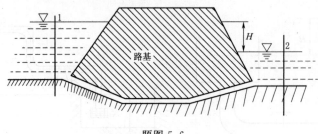

题图 5.6

7. 如题图 5.7 所示，用直径 $d=0.7\mathrm{m}$ 的钢筋混凝土虹吸管从河道向灌溉渠道引水，河道水位与灌溉渠道水位高差为 $z=5\mathrm{m}$，虹吸管各段长度为 $l_1=8\mathrm{m}$，$l_2=12\mathrm{m}$，$l_3=14\mathrm{m}$，虹吸管的沿程水头损失系数 $\lambda=0.022$，虹吸管进口局部水头损失系数 $\zeta_1=0.5$，管道每个弯管局部水头损失系数 $\zeta_2=0.365$，出口局部水头损失系数 $\zeta_3=1$。求：

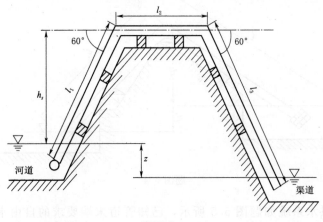

题图 5.7

（1）通过虹吸管的流量。

（2）当虹吸管内最大允许真空值 $h_v=7.0\mathrm{m}$ 时，虹吸管的最大安装高度。

8. 如题图 5.8 所示，有一灌溉工程，利用直径 $D=1\mathrm{m}$ 的钢筋混凝土虹吸管自水

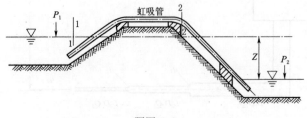

题图 5.8

源引水。虹吸管上、下游水位差 $Z=2\text{m}$，虹吸管全长 $L=25\text{m}$，虹吸管弯段的局部水头损失系数 $\xi_弯=0.6$，$\xi_{进口}=3.0$，$\xi_{出口}=1.0$，沿程水头损失系数 $\lambda=0.018$。①计算虹吸管流量；②当虹吸管第二弯管前断面 2-2 处的最大允许真空值为 7m 水柱，由进口至断面 2-2 管长为 13m 时，虹吸管最高点可以高出上游水面多少？

9. 一抽水站，向水塔供水，流量 $Q=0.15\text{m}^3/\text{s}$，水塔的水面高程与水池水面高程如题图 5.9 所示。吸水管长度 $L_吸=10\text{m}$，压水管长度 $L_压=300\text{m}$，吸水管局部水头损失系数 $\xi=8$，压水管局部水头损失和流速水头可忽略不计，水管糙率 $n=0.0115$，水泵允许真空值为 6m，若选管径 $d=300\text{mm}$，求水泵安装高程及水泵扬程。

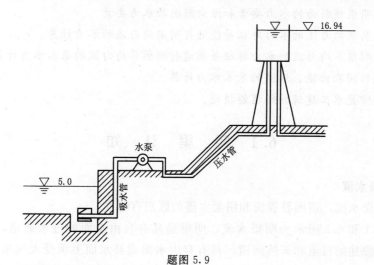

题图 5.9

第6章 明 渠

【学习指导】

【学习指导】

通过本章的学习，同学们能解决以下问题：

1. 掌握明渠横断面的水力要素和纵向断面的水力要素
2. 掌握明渠均匀流的水力特征并能进行明渠均匀流的水力计算。
3. 掌握明渠非均匀流的水力特征并能进行明渠非均匀流的基本水力计算。
4. 能进行闸孔出流、堰流的基本水力计算。
5. 理解常见水工建筑物的消能措施。

6.1 明 渠 认 知

6.1 Ⓟ
明渠认知

6.2 Ⓔ
明渠认知测试

6.1.1 明渠水流

观察明渠水流，请回答管流和明渠水流的区别有哪些？

如图 6.1 和 6.2 所示为明渠水流，明渠是具有自由水面的过水通道，又称为明槽。如人工修建的渠道和天然河道。具有自由水面而且水面上承受大气压强的水流，称为明渠水流或无压流。根据明渠的定义，闭合管道、涵洞以及隧洞内，当水流没有完全充满，有自由水面时也属于明渠水流，相应的建筑物分别被称为无压管道、无压涵洞和无压隧洞。管流与明渠水流的区别见表 6.1。

图 6.1 人工渠道

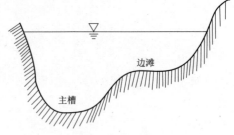

图 6.2 自然河道

表 6.1　　　　　　　　　　　　　　　管流与明渠水流的区别

项　目	区　别	举　例
管流	充满整个过水断面的水流为管流，管流的特点是没有自由水面，过水断面上的压强一般不等于大气压强	供水工程的管网，水泵的进出水管
明渠水流	具有自由水面的无压水流，过水断面上的压强等于大气压强	江河、渠道、水利工程中的无压隧洞、涵洞中的水流等

6.1.2 明渠横断面形状

明渠的边界是渠槽（或河槽），渠槽的过水断面形状有很多种。要研究水流运动，必须对明渠的槽身形状、型式等有所了解。画出你所见过的明渠横断面的形状。

结论：明渠横断面，人工修筑的渠道多是规则断面，常见的有梯形、矩形、半圆形等，如图 6.3 所示。不规则的断面多是天然河道断面。

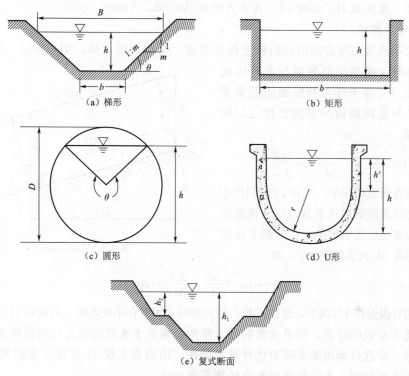

（a）梯形　　　　　　　　　　　　（b）矩形

（c）圆形　　　　　　　　　　　　（d）U 形

（e）复式断面

图 6.3　常见明渠横断面的形状

你知道图 6.4 所示的人工渠道横断面各自出现在什么情况下吗？

联想：明渠的不同过水断面的水力要素计算参阅第 3 章。

小知识 1：

土质地基上的人工渠道，常修成对称的梯形断面，如图 6.3（a）所示，以 h 表示水深，b 表示底宽，m 表示边坡系数。边坡系数是表示边坡倾斜程度大小的数值，如果边坡与水平面的夹角用 θ 表示，则边坡系数 m 可以用边坡

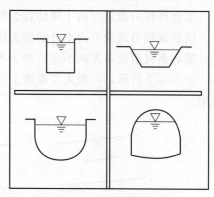

图 6.4　人工渠道横断面形状

倾角的余切来表示。$\cot\theta=\dfrac{m}{1}=m$，表示边坡的垂直距离每增加 1，则水平距离增加 m。

θ 其范围是 $0°\sim90°$，θ 越小，则 m 越大，边坡越缓；反之，θ 越大，m 越小，边坡越

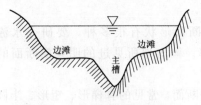

图 6.5　天然河道的不规则断面

陡；$m=0$，边坡直立，断面为矩形。

小知识 2：

天然河道的横断面多为不规则断面，由主槽和边滩两部分组成，如图 6.5 所示。天然河道中过水断面的水力要素，可由实测的横断面图来测算，有时渠道较宽浅（$b \geqslant 10h$），可近似地按宽矩形来代表（水面宽 B、水深 h），其水力要素 $A \approx Bh$，$X \approx B$，$R \approx h$。

6.1.3　明渠底坡

明渠渠底沿流程方向的倾斜程度称为底坡，又叫渠道比降，用 i 表示，如图 6.6 所示，底坡 i 就等于渠底线与水平线夹角的正弦，又等于任意两断面间的渠底高差 ΔZ 与此两断面间渠底长度 $\Delta L'$ 的比值，即

$$i = \sin\alpha = \frac{Z_1 - Z_2}{\Delta L'} = \frac{\Delta Z}{\Delta L'}$$

一般渠道底坡很小，当 $\alpha < 6°$ 时叫作小底坡，此时两断面渠底长度 $\Delta L'$ 与该渠段的水平距离 ΔL 几乎相等，在工程上往往用水平距离 ΔL 代替斜距 $\Delta L'$，即

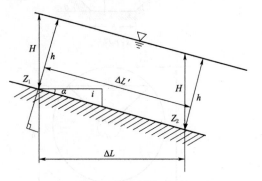

图 6.6　渠道底坡

$$i = \sin\alpha = \frac{\Delta Z}{\Delta L'} = \frac{\Delta Z}{\Delta L} = \tan\alpha$$

其相对误差在 1‰以下，这在工程上是允许的，因此在小底坡时，可近似用 $i = \tan\alpha$。

在此需要说明的是，明渠水流的过水断面是垂直于水流运动方向的横断面，但在小底坡时，常近似地用铅垂断面代替过水断面，用铅直水深 H 代替过水断面水深 h，这给水利工程量测、水文量测和水力计算带来方便。

常见的渠道底坡类型有顺坡、逆坡和平坡三种。

渠底高程沿流动方向下降的称为顺坡（$i > 0$）；

渠底高程沿流动方向上升的称为逆坡（$i < 0$）；

渠底高程沿流动方向不变，处于水平状态的称为平坡（$i = 0$）。

如图 6.7 所示，一般人工渠道上的底坡大多为顺坡，逆坡及平坡仅在局部渠段上使用。

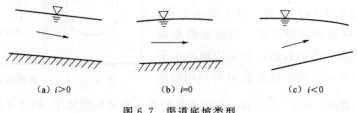

（a）$i > 0$　　　　　（b）$i = 0$　　　　　（c）$i < 0$

图 6.7　渠道底坡类型

思考分析

查阅资料，排水管渠的底坡有什么要求？请从经济效益、施工、运行管理三个方面进行分析。

6.2 明渠均匀流的特征及计算公式

6.3 明渠均匀流的特征及计算公式

6.4 明渠均匀流的特征及计算公式测试

6.2.1 明渠均匀流的特征

明渠均匀流具有以下特征：

(1) 流线是一簇相互平行的直线。

(2) 流速沿程不变。

(3) 过水断面沿流程不变。

(4) 总水头线、水面线和渠底线是三条相互平行的直线，也就是说，水力坡降 J、水面坡降 J_p 和渠底坡降 i 三者相等，如图 6.8 所示，即 $J=J_p=i$。

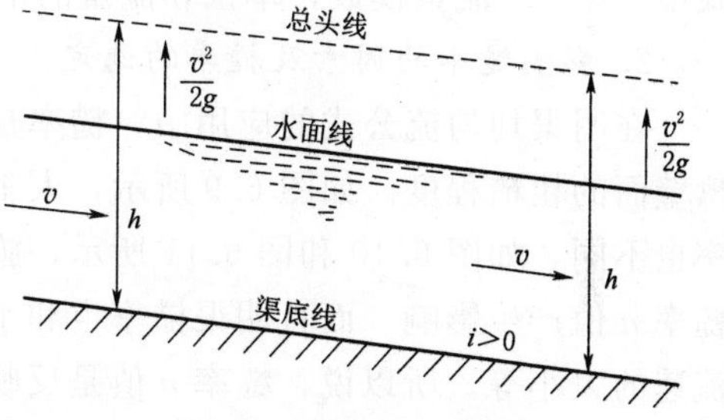

图 6.8 明渠均匀流

6.2.2 明渠均匀流的产生条件

由于明渠均匀流具有上述特征，它的形成就需要满足以下条件：

(1) 水流必须是恒定流，流量沿程不变。

(2) 渠道应是又长又直的棱柱体渠道。

凡断面形状、大小以及底坡沿流动方向不变的顺直渠道，称为棱柱体渠道；凡是断面的形状、大小以及底坡沿流动方向变化的渠道叫非棱柱体渠道，如人工渠道的渐变段、弯曲段及蜿蜒曲折的天然河道都是非棱柱体渠道。

(3) 渠道的底坡应是顺坡且沿程不变，渠道壁面粗糙程度沿程不变。

(4) 渠段沿程没有闸、坝或跌水等水工建筑物的局部干扰存在。

上述四个条件必须同时满足，才能形成明渠均匀流。因此，大多数明渠水流都是非均匀流。但在实际工程中，其一段河渠水流，只要与上述条件相差不大，即可将这段水流近似地看成是明渠均匀流。在水文量测中，只要测站上、下游较为顺直、整齐、河床稳定、糙率基本一致的断面河段，即可利用明渠均匀流的基本公式来确定河段中水位和流量的关系。

6.2.3 流量的计算公式

1. 明渠均匀流公式的建立

明渠均匀流的流量公式为

$$Q=\frac{A}{n}R^{2/3}i^{1/2} \tag{6.1}$$

式中 n——糙率；

A——过水断面面积；

R——水力半径；

i——底坡坡度。

因为谢才公式 $v=C\sqrt{RJ}$

由于明渠均匀流具有 $J=J_p=i$ 的特点，则上式可写成

$$v=C\sqrt{Ri}$$

将流速 v 乘以过水断面面积 A 可得到均匀流的流量公式

$$Q=Av=AC\sqrt{Ri} \tag{6.2}$$

令 $K=AC\sqrt{R}$，则上式可写成

$$Q=K\sqrt{i} \tag{6.3}$$

式中　K——流量模数，单位和流量的单位一致，用 m^3/s 表示。

2. 影响糙率的因素及糙率的选定

在明渠均匀流公式的应用中，糙率是一个很重要的问题，明渠糙率主要取决于渠槽壁面的粗糙程度。如图 6.9 所示，人工渠道由于所采用的砌筑材料不同，所以其糙率也不同，如图 6.10 和图 6.11 所示，施工的质量和管理运行的情况都不同程度地对糙率 n 值产生影响。而且明渠糙率也和水流因素有关，例如：水流流量的多少、水流流速的大小等。所以说，糙率 n 值是反映渠槽壁面粗糙程度和水流因素对水流阻力影响的一个综合量。

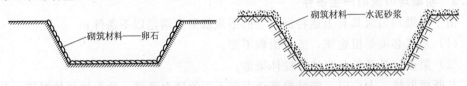

图 6.9　人工渠道不同的砌筑材料

图 6.10　混凝土砌筑

图 6.11　夯实土壤

在明渠的水力计算中，如果糙率 n 取值偏小，计算所得到的断面尺寸也会偏小，过水能力就达不到需水的要求，放水时就会造成漫溢，产生浪费；反之，如果糙率 n 取值偏大，不但增加渠道修建的工程量，而且还会引起渠道的冲刷，缩短渠道的使用年限。

工程实例

韶山灌区设计中，在保证底坡及边坡系数不变的情况下，糙率值本应取一般土

渠的糙率，$n=0.0225\sim0.025$ 之间，但在设计时考虑到总干渠施工质量高等特点，糙率 n 取了 0.02，整个渠道断面面积减小了 $7\%\sim8\%$，总土石方量减少了 60 万 m^3。工程完工后，试水实测，取 $n=0.02$ 是正确的，所以从上面的例子可以看出，一个系数 $n=0.02$ 与 $n=0.0225\sim0.025$，其值相差甚微，而工程量竟相差数十万方之巨，由此节约的人力物力、占地面积就可想而知了。因此，对渠道的施工、管理运行等情况作出全面正确的判断，根据实际情况正确地选用糙率 n 值，对渠道的水力计算将有着重要的意义。

　　对于人工渠道，多年来已积累了较多的工程实践经验和试验资料，具体都反映在表 6.2 中，在渠道设计中可做初估时选用。

　　天然河道的形态千变万化，其糙率更加复杂。要确定天然河道糙率，有条件时应通过实测的水文资料反推河道糙率；当没有实测资料时，可参照表 6.3，选用表中同类型河段的糙率。

表 6.2　　　　　　　　　　　　渠道糙率 n 值表

类　型		糙率 n 值	
	渠　道　特　征	灌溉渠道	退水渠道
土质	流量大于 $25m^3/s$		
	平整顺直，养护良好	0.020	0.0225
	平整顺直，养护一般	0.0225	0.025
	渠床多石，杂草丛生，养护较差	0.025	0.0275
	流量 $1\sim25m^3/s$		
	平整顺直，养护良好	0.0225	0.025
	平整顺直，养护一般	0.025	0.0275
	渠床多石，杂草丛生，养护较差	0.0275	0.030
	流量小于 $1m^3/s$		
	渠床弯曲，养护一般	0.025	
	支渠以下的固定渠道	$0.0275\sim0.030$	0.0275
岩石	经过良好修整的	0.025	
	经过中等修整无凸出部分的	0.030	
	经过中等修整有凸出部分的	0.033	
	未经修整有凸出部分的	$0.0035\sim0.045$	
各种材料护面	抹光的水泥抹面	0.012	
	不抹光的水泥抹面	0.014	
	光滑的混凝土护面	0.015	
	平整的喷浆护面	0.015	

类 型		糙率 n 值	
	渠 道 特 征	灌溉渠道	退水渠道
各种材料护面	料石砌护	0.015	
	砌砖护面	0.015	
	粗糙的混凝土护面	0.017	
	不平整的喷浆护面	0.018	
	浆砌块石护面	0.025	
	干砌块石护面	0.033	

3. 合理选定边坡，确定边坡系数 m

为了保持土质梯形断面渠道的稳定，应合理选定边坡系数 m。边坡系数 m 值的选定取决于水文地址情况、土壤性质、护面的材料、挖方还是填方渠道、渠中流量的多少及水深大小等因素。对于挖方深度不大于 5m、渠中水深不超过 2m 的无衬砌土渠，边坡系数 m 可参照表 6.4 选用。

对于高度不超过 3m 的填方工程，其边坡系数最小值可参照表 6.5 选用。

4. 底坡的选定

结合工程实际，讨论在均匀流公式中，底坡的大小怎样影响流量的大小？

用均匀流公式 $Q=\dfrac{A}{n}R^{2/3}i^{1/2}$ 计算流量时可以看出，当设计流量不变时，选取较大的渠道底坡，优点是可减小过水断面面积及工程量，缺点是渠道的水位降低，控制的灌溉面积就会缩小；同时造成流速快，渠道易于被水冲刷。如果渠道底坡选取较小，优点是渠道水位升高，控制的灌溉面积就会增大，性价比会有所提高，但是由于坡度小流速慢，渠道易于淤积；缺点是流速变缓，通过同样流量所需的过水断面就会增大，相应工程量也会加大。

表 6.3 河槽的糙率 n 值表

河槽类型及情况	最小值	正常值	最大值	河槽类型及情况	最小值	正常值	最大值
第一类：小河（汛期最大水面宽度约 30m）				6. 同 4，并多石	0.045	0.050	0.060
（一）平原河流				7. 多滞流河段，多草，有深潭	0.050	0.070	0.080
1. 清洁，顺直，无沙滩，无潭	0.025	0.030	0.033	8. 多丛草河段，多深潭或林木滩地上的过洪	0.075	0.100	0.150
2. 同上，多石，多草	0.030	0.035	0.040	（二）山区河流（河槽无草树，河段较陡，岸坡树丛过洪时淹没）			
3. 清洁，弯曲，少许淤滩及潭坑	0.033	0.040	0.045	1. 河底：砾石、卵石间有孤石	0.030	0.040	0.050
4. 同上，但有草石	0.035	0.045	0.050	2. 河底：卵石和大孤石	0.040	0.050	0.070
5. 同上，水深较浅，河底坡度多变，平面上回流区较多	0.040	0.048	0.055				

河槽类型及情况	最小值	正常值	最大值	河槽类型及情况	最小值	正常值	最大值
第二类：大河（汛期水面宽度大于30m）				3. 已熟密植禾稼	0.030	0.040	0.050
（一）断面比较规整，无孤石或丛木	0.025		0.060	（三）矮丛木			
（二）断面不规整，床面粗糙	0.035		0.100	1. 稀疏，多杂草	0.035	0.050	0.070
第三类：洪水时期滩地漫流				2. 不密，夏季情况	0.040	0.060	0.080
（一）草地、无丛木				3. 茂密，夏季情况	0.070	0.100	0.160
1. 短草	0.025	0.03	0.035	（四）树木			
2. 长草	0.030	0.035	0.050	1. 平整田地。干树无枝	0.030	0.040	0.050
（二）耕种面积				2. 平整田地。干树多新枝	0.050	0.060	0.080
1. 未熟禾稼	0.020	0.030	0.040	3. 密林，树下少植物，洪水位在枝下	0.080	0.100	0.120
2. 已熟成行禾稼	0.025	0.035	0.045	4. 密林，树下少植物，洪水位淹没树枝	0.100	0.120	0.160

表 6.4　　　　　挖方渠道最小边坡系数表

土　壤　种　类	最小边坡系数 m	
	水深 $h<1m$	水深 $h=1\sim2m$
夹沙层卵石和粒石	1.25	1.50
黏土、重黏壤土、中黏壤土	1.00	1.00
轻黏壤土	1.25	1.25
砂壤土	1.50	1.50
砂土	1.75	2.00

表 6.5　　　　　填方渠道最小边坡系数表

土壤种类	最小边坡系数 m			
	$Q=0.5\sim2.0m^3/s$		$Q<0.5m^3/s$	
	内坡 m	外坡 m_1	内坡 m	外坡 m_1
黏土、黏壤土	1.00	0.75	1.00	0.75
轻黏壤土	1.25	1.00	1.00	1.00
砂壤土	1.50	1.25	1.25	1.00
砂土	1.75	1.50	1.50	1.25

表 6.6　　　　　　　　　　　　渠 道 底 坡 参 考 表

渠道类别	流量范围/（m³/s）	渠道底坡
土渠	1～5	1/5000～1/3000
	<1.0	1/2000～1/1000
石渠	1/1000～1/5000	

　　影响渠道底坡选定的因素很多，如地形、土壤条件、水流含沙量的大小等。

　　输送含沙量较大的水流渠道应选择较大底坡，避免淤积；对于水头宝贵的引水自流灌区，为了控制灌溉面积应选较小的底坡；对于地势不平的坡地，工程中选的底坡应尽量与地形自然坡度相适应，这样可以减少工程量。

　　实际设计中，渠道底坡多根据已成灌区经验选定。表 6.6 为北方丘陵地区已成灌区所选用的渠道底坡，仅供参考。

6.3　明渠均匀流的水力计算

6.3.1　明渠均匀流的水力计算类型

　　水利工程中，明渠均匀流的水力计算主要有下面两种类型：

　　（1）校核渠道的过水能力：已知渠道的断面尺寸 b、m、h、底坡 i 及糙率 n，求通过的流量或流速。

　　（2）计算渠底坡度：已知渠道的流量 Q、水深 h、底宽 b、糙率 n 及边坡系数 m，求底坡 i。

6.5　Ⓟ

明渠均匀流的水力计算实例

6.6　Ⓔ

明渠均匀流的水力计算实例测试

　　【例 6.1】　某矩形断面的渠道，底宽为 6m，糙率 $n = 0.028$，底坡 $i = 1.25 \times 10^{-4}$，渠中水流为均匀流。求水深 $h = 3.95m$ 时渠中流量。

　　解：先计算出过水断面面积 A、湿周 χ、水力半径 R，谢才系数 C，然后求渠道中的流量。

　　过水断面　$A = bh = 6 \times 3.95 = 23.7$（m²）

　　湿周　$\chi = b + 2h = 6 + 2 \times 3.95 = 13.9$（m）

　　水力半径　$R = \dfrac{A}{\chi} = \dfrac{23.7}{13.9} = 1.71$（m）

　　谢才系数　$C = \dfrac{1}{n} R^{1/6} = \dfrac{1}{0.028} \times (1.71)^{1/6} = 39.1$（m$^{1/2}$/s）

$$Q = \frac{A}{n} R^{2/3} i^{1/2} = AC \sqrt{Ri} = 23.7 \times 39.1 \times \sqrt{1.71 \times 1.25 \times 10^{-4}} = 13.55（\text{m}^3/\text{s}）$$

　　【例 6.2】　有一梯形土渠，边坡系数 $m = 1.5$，底宽 $b = 1.5m$，糙率 $n = 0.025$，当水深 $h = 1.2m$ 时，流量 $Q = 2.29\text{m}^3/\text{s}$。求此渠的底坡 i。

　　解：先计算出过水断面面积 A、湿周 χ、水力半径 R，然后利用渠道中的流量公式求底坡。

$$A = bh + mh^2 = 1.5 \times 1.2 + 1.5 \times 1.2^2 = 3.96 \ （\text{m}^2）$$

$$\chi = b + 2h \sqrt{1 + m^2} = 1.5 + 2 \times 1.2 \times \sqrt{1 + 1.5^2} = 5.83 \ （\text{m}）$$

$$R=\frac{A}{\chi}=\frac{3.96}{5.83}=0.679 \text{（m）}$$

据 $Q=\frac{A}{n}R^{2/3}i^{1/2}$ 得

$$i=\left(\frac{Qn}{AR^{2/3}}\right)^2=\left(\frac{2.29\times0.025}{3.96\times0.679^{2/3}}\right)^2=0.00035$$

6.3.2 明渠水力计算中的几个注意问题

1. 水力最佳断面

当明渠的流量 Q、底坡 i 及糙率 n 一定时，希望设计出来的过水断面面积最小，以减少土石方开挖量和造价；或者在一定的过水断面面积 A、底坡 i 及糙率 n 的情况下，渠道的过水能力最大。水力学中把满足以上条件的过水断面称为水力最佳断面。

在面积一定的情况下，半圆形断面的湿周最小。土渠做成半圆形其稳定性不好，又不便于施工，所以工程中最常见的是等腰梯形断面。根据湿周最小，过水能力最大的道理，用数学方法可以推导出计算等腰梯形水力最佳断面的公式。

$$\beta_{佳}=\frac{b}{h}=2(\sqrt{1+m^2}-m) \tag{6.4}$$

式中　b——底宽；

　　　h——水深；

　　　$\dfrac{b}{h}$——宽深比。

从式（6.4）可以看出，等腰梯形水力最佳断面的宽深比仅与边坡系数 m 有关，表 6.7 列出了各种边坡系数时的等腰梯形水力最佳断面的 $\beta_{佳}$ 值，供渠道设计时选用。

工程中的输水渡槽横断面多为矩形，渠道的边坡系数 $m=0$，代入式（6.4）得 $\beta_{佳}=\dfrac{b}{h}=2$ 或 $b=2h$，说明矩形断面渠道水力最佳断面的底宽等于水深的 2 倍。

表 6.7　　　　　　　　　等腰梯形断面渠道的水力最佳宽深比

m	0	0.25	0.5	0.75	1.00	1.25	1.5	1.75	2.00	2.50	3.00
$\beta_{佳}$	2.0	1.56	1.24	1.00	0.83	0.70	0.61	0.53	0.47	0.38	0.32

在工程实际中，过水断面是否都要做成水力最佳断面吗？

对于大型渠道，若按水力最佳断面进行设计，断面往往窄深，开挖时常受地质条件的限制（出现地下水及岩层），造成施工困难，挖土越深，土方单方造价越高。所以渠道常为宽浅式，其土方虽较水力最佳断面大，但总造价却低。

根据国内的一些经验，流量在 $60\text{m}^3/\text{s}$ 以下的渠道，宽深比的大致范围可参考表 6.8 选用。

表 6.8　　　　　　　　　梯形断面渠道经验宽深比 β 值

流量 $Q/(\text{m}^3/\text{s})$	<5	$5\sim10$	$10\sim20$	$30\sim60$
$\beta=\dfrac{b}{h}$	$1\sim3$	$3\sim5$	$5\sim7$	$6\sim10$

2. 渠道的允许流速

为了保证渠道的正常运用，渠道中的流速应保持在一定的允许范围内。如果流速过小，水流中的泥沙将淤积在渠中，渠道过水能力将降低；如果渠中流速过大，将引起渠道冲刷，破坏了渠道的稳定。渠道淤积时需要清淤，渠道冲刷时需要防护，给渠道管理造成很大的不便。

保证渠道不冲刷的最大流速为不冲流速，用 $v_{不冲}$ 表示。保证渠道不淤积的最小流速为不淤流速，用 $v_{不淤}$ 表示。小于不冲流速大于不淤流速范围内的流速，称为渠道的允许流速，或称为渠道的不冲不淤流速。

$v_{不冲}$ 的数值主要与渠道土质、水力半径大小和流量有关。各种引水渠道的不冲流速可参考表 6.9 选择。

$v_{不淤}$ 和渠中含沙量以及泥沙颗粒的性质及组成有关。如果水流含沙量较高，请查阅有关手册；如果渠道中为清水，为防止滋生杂草，渠中的流速一般应大于 0.5m/s。对于北方渠道，为防止冬季渠中水流结冰，一般流速应大于 0.6m/s。

【例 6.3】 某一梯形的土质渠道，渠道的粗糙率为 $n=0.02$，土质为均质无黏性土中的粗砂，边坡系数为 $m=2$，渠底宽为 $b=1m$，水深 $h=3m$，底坡 $i=0.0001$。水流中含沙量极小，求梯形土质渠道的过水流量，并校核渠道中的流速。

解：（1）计算出过水断面面积 A、湿周 χ、水力半径 R，求出渠道的过水流量。

（2）校核渠道流速。

$$A=(b+mh)h=(1+2\times3)\times3=21(m^2)$$

$$\chi=b+2h\sqrt{1+m^2}=1+2\times3\times\sqrt{1+2^2}=14.42(m)$$

$$R=\frac{A}{\chi}=1.46(m)$$

$$Q=\frac{A}{n}R^{2/3}i^{1/2}=\frac{1}{0.02}\times(1.46)^{2/3}\times(0.0001)^{1/2}=13.5(m^3/s)$$

$$v=\frac{Q}{A}=\frac{15.4}{21}=0.643(m/s)$$

查表 6.9 得均质无黏性土粗砂 $R=1m$ 时的不冲流速为 0.60~0.75m/s。

由于题中 $R=1.46m$，据土质条件及表 6.9 取 $\alpha=1/3$，水力半径 $R^\alpha=1.46^{1/3}$，经计算得 $v_{不冲}=(0.6\sim0.75)\times1.46^{1/3}=0.68\sim0.85m/s$，实际流速 $v<v_{不冲}$，所以渠中流速满足了不冲刷的要求，是安全的。

由于水流中含沙量极小，可按清水处理，选择不淤流速 $v_{不淤}=0.5m/s$，由于渠中流速 $v>v_{不淤}$，所以渠道的流速满足不淤要求。

表 6.9　　　　　　　　　　**渠道的不冲流速** $v_{不冲}$ **（m/s）数值表**

一、坚硬岩石和人工护面渠道			
岩石或护面种类	渠道流量 Q/（m³/s）		
	<1.0	1~10	>10
软质水成岩（泥灰岩、页岩、软砾岩）	2.5	3.0	3.5
中等硬质水成岩（致密砾岩、多孔石灰岩、层状石灰岩、白云石灰岩、灰质砂岩）	3.5	4.25	5.0

续表

一、坚硬岩石和人工护面渠道			
岩石或护面种类	渠道流量 $Q/$ （m³/s）		
	<1.0	1～10	>10
硬质水成岩（白云砂岩、砂质石灰岩）	5.0	6.0	7.0
结晶岩、火成岩	8.0	9.0	10.0
单层块石铺砌	2.5	3.5	4.0
双层块石铺砌	3.5	4.5	5.0
混凝土护面（水流中不含砂和卵石）	6.0	8.0	10.0

二、土质渠道				
	土质	不冲允许流速/（m/s）		说　明
均质黏性土	轻壤土	0.60～0.80		
	中壤土	0.65～0.85		
	重壤土	0.70～1.00		
	黏土	0.75～0.95		
	土质	粒径/mm	不冲允许流速/（m/s）	
均质无黏性土	极细砂	0.50～0.10	0.35～0.45	
	细砂、中砂	0.25～0.50	0.45～0.60	
	粗砂	0.50～2.00	0.60～0.75	
	细砾石	2.00～5.00	0.75～0.90	
	中砾石	5.00～10.00	0.90～1.10	
	粗砾石	10.0～20.0	1.10～1.30	
	小卵石	20.0～40.0	1.30～1.80	
	中卵石	40.0～60.0	1.80～2.20	

说明栏：

（1）均质黏性土质渠道中各种土质的干容重为 1.3～1.7t/m³；

（2）表中所列为水力半径 $R=1.0$m 的情况，如 $R\neq$ 1m，则应将表中数值乘以 R^a 才得相应的不冲允许流速值。对于砂、砾石、卵石，疏松的壤土、黏土

$$a=\frac{1}{3}\sim\frac{1}{4}$$

对于密实的壤土、黏土

$$a=\frac{1}{4}\sim\frac{1}{5}$$

6.4　明渠非均匀流

6.7 ℗

明渠非均匀流

6.8 ▣

明渠非均匀流测试

在工程实践中，由于地形、地质条件的变化或修建水工建筑物，渠道的断面形状、尺寸和底坡是会沿流程改变的，这就使渠道中的水流发生明渠非均匀流动。天然河道中的水流，由于横断面不规则而又沿流程多变，大多也是非均匀流动。

6.4.1　明渠非均匀流特征

明渠均匀流和明渠非均匀流有何不同？生活中我们常见的明渠非均匀流有哪些呢？

明渠非均匀流的流线不再是一簇平行的直线；过水断面是一个曲面；明渠水流的渠底线、水面线和总水头线互不平行，即 $J\neq J_p\neq i$；水面线不再是直线而是曲线。当水深沿流程增加时，水面线称之为壅水曲线。反之，当水深沿流程减少时，水面线

称为降水曲线。

水利工程中，遇到的明渠非均匀流很多。例如，渠道上的水闸前后、陡坡段上以及河道上建坝以后的水流，都是明渠非均匀流，如图 6.12 所示。

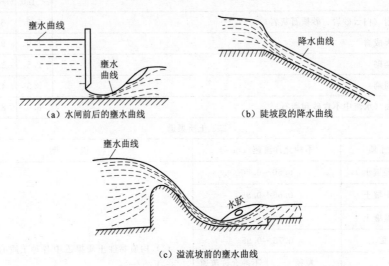

（a）水闸前后的壅水曲线 　　（b）陡坡段的降水曲线

（c）溢流坝前的壅水曲线

图 6.12　明渠非均匀流

6.4.2　明渠水流的三种流态

6.9 ▶
明渠水流的三种流态

要研究明渠水流的流态，就需要先研究干扰在水中激起的波动在静水中的传播。

假设在一平静的湖面上，沿铅垂方向丢下一个石块，会发生什么现象呢？可以看见，此时水的表面将激起一个微小的波动，这种波动以石块入水时的着落点为中心向四周传播，其传播速度称为干扰波的相对波速，用 c 来表示。干扰波的相对波速简称为干扰波的波速。明渠水流的三种流态如图 6.13 所示。

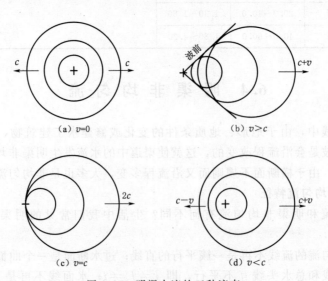

（a）$v=0$　　　　（b）$v>c$

（c）$v=c$　　　　（d）$v<c$

图 6.13　明渠水流的三种流态

若干扰波在明渠中传播，明渠中的水也处于静止状态，传播速度 c 用下列式子计算：

对于矩形断面

$$c = \sqrt{gh} \tag{6.5}$$

式中　h——断面水深；

　　　g——重力加速度。

对于任意形状的断面

$$c = \sqrt{g\bar{h}} \tag{6.6}$$

式中水深用断面平均水深 $\bar{h}$ 来代替，$\bar{h} = \dfrac{A}{B}$，其中 A 为过水断面的面积，B 为水面宽度。

若把石块投入到流动的明渠水流中，比较明渠水流的断面平均流速 v 与干扰波的相对波速 c 的大小，就可判断干扰波是否会往上游传播，也可判别水流是哪一种流态。

当 $v > c$ 时，干扰波不能向上游传播，水流为急流。

当 $v = c$ 时，干扰波处于临界状态，水流为临界流。

当 $v < c$ 时，干扰波能向上游传播，水流为缓流。

在工程中，通常用水流流速 v 和相对波速 c 建立无量纲数 $Fr = v/c$ 来判断水流的流态，该无量纲数称为弗劳德数。

$$Fr = \frac{v}{\sqrt{g\bar{h}}} \tag{6.7}$$

通过水流三种流态的定义可知，可以用如下方法判别明渠水流的流态。

当 $Fr < 1$ 时，水流为缓流；当 $Fr = 1$ 时，水流为临界流；$Fr > 1$ 时，水流为急流。

6.4.3　临界底坡、陡坡和缓坡

临界水深是指断面形式和流量给定的条件下，水流处于临界流状态所对应的水深。符号用 h_k 表示。对于矩形断面的明渠水流，其临界水深 h_k 可用以下关系式求得。

$$h_k = \sqrt[3]{\frac{\alpha q}{g}} \tag{6.8}$$

$$q = \frac{Q}{b} \tag{6.9}$$

式中　q——单宽流量；

　　　Q——渠道流量；

　　　b——渠道宽度。

可见，在宽度 b 一定的矩形断面明渠中，水流在临界水深状态下，$Q = f(h_k)$。利用这种水力性质，工程上出现了有关测量流量的简便设施。

设想在流量、断面形状和尺寸一定的棱柱体明渠中，当水流是均匀流时，如果改变明渠的底坡，相应的均匀流正常水深 h_0 亦随之而改变。如果变至某一底坡，其均匀流的正常水深 h_0 恰好与临界水深 h_k 相等，此坡度定义为临界底坡。

明渠的临界底坡 i_k 与断面形状与尺寸、流量及渠道的糙率有关，而与渠道的实际

底坡无关，临界底坡 i_k 是一个概念上的数值。

一个坡度为 i 的明渠，与其相应（即同流量、同断面尺寸、同糙率）的临界底坡相比较可能有三种情况，即：$i < i_k$，$i = i_k$，$i > i_k$。根据可能出现的不同情况，可将明渠的底坡分为三类：$i < i_k$，为缓坡；$i = i_k$，为临界坡；$i > i_k$，为陡坡。

明渠水流为均匀流时，若 $i < i_k$，则正常水深 $h_0 > h_k$；若 $i > i_k$，则正常水深 $h_0 < h_k$；若 $i = i_k$，则正常水深 $h_0 = h_k$。所以在明渠均匀流的情况下，用底坡的类型就可以判别水流的流态，即在缓坡上的均匀流为缓流，在陡坡上的均匀流为急流，在临界坡上的均匀流为临界流。但一定要强调，这种判别只能适用于均匀流的情况，而非均匀流就不一定了。

6.4.4 水跌

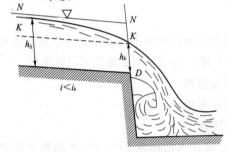

6.10 ▶
水跌

当明渠水流状态从缓流过渡到急流，水深从大于临界水深减至小于临界水深时，水面有连续急剧的降落。这种局部水力现象叫作水跌。

图 6.14 为一缓坡（$i < i_k$）棱柱体渠槽的纵剖面图，由于水流过坎后为自由跌流，因而阻力小，重力作用显著，引起在跌坎上游附近水面急剧下降，并以临界流的状态通过突变的断面处，由缓流变为急流，形成水跌现象。

图 6.14 水跌

概括地说，水流从缓流过渡为急流时发生水跌现象。水面线是一个连续而急剧的降落曲线，并且必然经过临界水深。而临界水深就在水流条件突然改变的断面上。

6.4.5 水跃

6.11 ▶
水跃

1. 水跃现象

当明渠水流由急流过渡到缓流时，水深由小于临界水深的急流在短距离内跃起到大于临界水深的缓流，水面产生突然跃起的局部水力现象，称为水跃。例如，水流由陡坡渠道向缓坡渠道过渡时，由陡坡下泄的急流过渡到缓坡上的缓流时，水流一定产生水跃现象，如图 6.15 所示。同样，由闸或坝下泄的急流过渡到下游河渠中的缓流时，也一定会形成水跃，如图 6.16 所示。

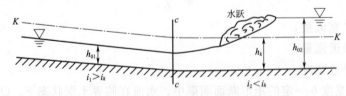

图 6.15 陡坡到缓坡产生的水跃

水跃下部的水流急剧扩散，上游下泄的流量全部经过此区流向下游，如图 6.16 所示。在水跃段内，水流内部产生强烈的摩擦和撞击，水流紊动强度极大，使水跃段内产生了很大的能量损失。因此，工程上常利用水跃来消除泄水建筑物下游水流的巨大动能，以确保建筑物和下游河道的安全。

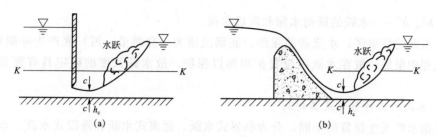

图 6.16　闸或坝下泄产生的水跃

如图 6.17 所示，表面旋滚起点的过水断面 1-1 为跃前断面，相应的水深 h' 为跃前水深；表面旋滚终端的断面 2-2 为跃后断面，相应的水深 h'' 为跃后水深，水跃前后两断面的水深差 $h''-h'=a$ 称为水跃高度。水跃前后两断面之间的水平距离叫水跃长度，用 l_j 表示。

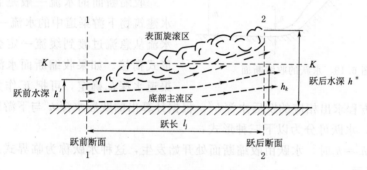

图 6.17　水跃长度及共轭水深

2. 棱柱体平底矩形断面渠道中水跃计算

水跃计算的主要内容包括共轭水深和水跃长度的计算。共轭水深计算主要是指已知跃前水深求跃后水深，或者是已知跃后水深求跃前水深的计算。这些计算的内容在研究堰、闸出流和消能防冲问题时，具有十分重要的作用。

（1）共轭水深计算。平底、矩形、棱柱体渠道中的水跃为

$$h'=\frac{h''}{2}\left(\sqrt{1+8\frac{q^2}{gh''^3}}-1\right)$$

$$h''=\frac{h'}{2}\left(\sqrt{1+8\frac{q^2}{gh'^3}}-1\right) \tag{6.10}$$

式中　h'——跃前水深；

　　　h''——跃后水深；

　　　q——单宽流量，$\mathrm{m^3/(s \cdot m)}$；

　　　g——重力加速度，$\mathrm{m/s^2}$。

（2）水跃长度。水跃长度是指跃前断面与跃后断面之间的水平距离。由于水跃运动较为复杂，目前采用经验公式计算水跃长度。

平底、矩形断面棱柱体渠道的水跃长度公式为

$$l_j=6.9\ (h''-h') \tag{6.11}$$

式中 h'、h''——水跃的跃前水深和跃后水深。

在水跃的旋滚区，水流紊动强烈，底部流速大，会对渠（河）底产生冲刷破坏。实际工程中渠底一般在水跃段设置护坦加以保护，故水跃长度的确定具有重要实际意义。

3. 水跃的三种形式及其判别

根据水跃发生位置的不同，分为临界式水跃、远离式水跃和淹没式水跃。水利工程中常采取工程措施调整水跃发生的位置。

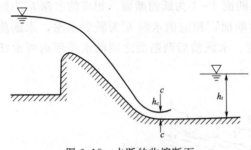

图 6.18 水跃的收缩断面

在泄水建筑物下游，往往存在一个收缩断面，是指泄水建筑物下游水深最小的过水断面。如图 6.18 中断面 $c-c$ 就是收缩断面。

收缩断面的水流一般是急流。而泄水建筑物下游渠道中的水流一般为缓流。水流从急流过渡到缓流一定会以水跃的形式衔接。如果收缩断面水深 h_c 和下游渠道水深 h_t 确定，可把 h_c 作为跃前水深

6.12

淹没式水跃和远离式水跃

h' 代入水跃方程求出相应的跃后水深 h''，根据计算出的跃后水深 h'' 与下游渠道水深 h_t 的对比关系，水跃可分为以下三种形式：

（1）当 $h''=h_t$ 时，水跃由收缩断面处开始发生，这种水跃称为临界式水跃，如图 6.19（a）所示。

（2）当 $h''>h_t$ 时，水跃在收缩断面以下的某个断面开始发生，跃前断面远离收缩断面，这种水跃称为远离式水跃，如图 6.19（b）所示。

（3）当 $h''<h_t$ 时，水跃发生在收缩段上游，收缩断面被水跃淹没，这种水跃称为淹没式水跃，如图 6.19（c）所示。

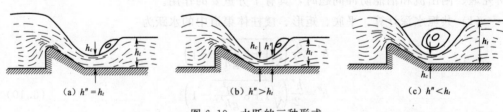

(a) $h''=h_t$ (b) $h''>h_t$ (c) $h''<h_t$

图 6.19 水跃的三种形式

6.13

水工建筑物泄流

6.14

水工建筑物泄流测试

6.5 水 工 建 筑 物 泄 流

在水利工程中，为了控制河渠的水位和流量，以满足引水、灌溉、发电、航运等要求，常在河渠中修建水闸和溢流坝等泄水建筑物。这类建筑物往往会壅高河渠上游水位。当上游水位超过建筑物顶部（如溢流坝顶等）时，水将从其顶部溢流而过。在水力学中，把这种从顶部溢流的壅水建筑物称为堰，流过堰的水流则称为堰流。同

样，把经过闸门下孔口射出的水流称为闸孔出流。

6.5.1 闸孔出流和堰流

1. 闸孔出流和堰流的概念

在水利工程中，广泛采用水闸或溢流坝等建筑物来控制水流。为了能够人为地调节和控制水位及流量，除了在渠道上修建各种形式的水闸外，有时还需要在溢洪道和溢流坝上设置闸门。闸门底部开启时，通过闸门下缘孔的水流，称为闸孔出流。如图 6.20 （a）、（b）所示。在水力学中，把能壅高水位并能使水流在自身顶部溢流而过的建筑物，称为溢流堰，简称堰。如图 6.20 （c）、（d）所示。

若闸门开启到一定高度后，闸门对过堰、过闸水流不起控制作用，这时流过水闸或溢流坝的水流仍是堰流。由此可见，闸孔出流与堰流是可以相互转化的。也就是说，在同一泄水建筑物中，在某种条件下是堰流，在另外的条件下又会变成闸孔出流，如图 6.20 （b）、（d）所示。

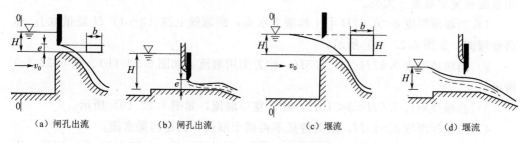

（a）闸孔出流　　（b）闸孔出流　　（c）堰流　　（d）堰流

图 6.20　闸孔出流和堰流

2. 闸孔出流

闸孔出流也有自由出流与淹没出流之分。当下游水位不影响闸孔泄流时为自由出流，如图 6.21 （b）所示，当下游水位影响闸孔泄流时为淹没出流，如图 6.21 （c）所示。

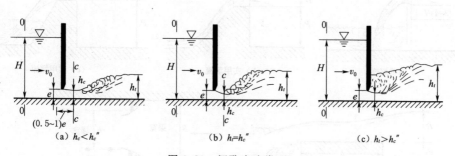

（a）$h_c < h_c''$　　　（b）$h_t = h_c''$　　　（c）$h_t > h_c''$

图 6.21　闸孔出流类型

闸孔出流流量计算公式按闸底坎型可分为宽顶堰型和实用堰型两种型式。两种型式又有自由出流和淹没出流之分。流量公式介绍如下。

（1）闸孔自由出流的流量公式。

$$Q = \mu_0 be \sqrt{2gH_0} \tag{6.12}$$

127

式中　b——矩形闸孔宽度，m；

　　　e——闸孔开启高度，m；

　　　H_0——包括行近流速水头在内的闸前水头，$H_0=H+\dfrac{v_0^2}{2g}$，m；

　　　μ_0——流量系数，它综合反映闸底坎的型式、闸门的类型和闸孔相对开度 e/H 对泄流量的影响。

（2）闸孔淹没出流的流量公式。

$$Q=\sigma\mu_0be\sqrt{2gH_0}\qquad(6.13)$$

可见，闸孔淹没出流流量公式比自由出流流量公式等号右边多一项闸孔淹没系数 σ。

3. 堰流

（1）堰流的类型。以堰顶厚度 δ 大小划分的堰顶溢流，常用的有薄壁堰流、实用堰流和宽顶堰流三大类。

1）当堰顶厚度 $\delta<0.67H$ ［H 称堰上水头，距堰壁上游（3~4）H 处量取］，称薄壁堰流，如图 6.22（a）所示。

2）当堰顶厚度 $0.67H<\delta<2.5H$，称为实用堰流，如图 6.22（b）、图 6.22（c）所示。

3）当堰顶厚度 $2.5H<\delta<10H$，称为宽顶堰流，如图 6.22（d）所示。

4）当堰顶厚度 $\delta>10H$，水流特征不再属于堰流，而是河渠水流。

此外，当渠道宽度 B 大于堰宽 b 时，叫作有侧收缩堰流，如图 6.22（e）所示；当渠宽 B 与堰宽 b 相等时，称为无侧收缩堰流；当下游水位较高，影响堰的过水能力时，这种堰流叫作淹没出流；反之，下游水位不影响堰的过水能力时，叫作自由出流。

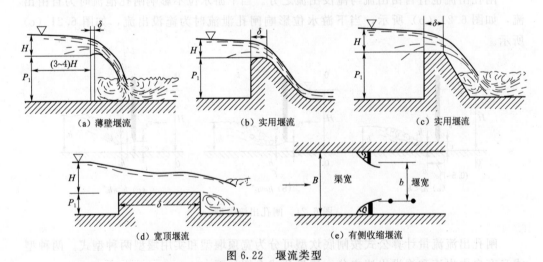

（a）薄壁堰流　　　　　　（b）实用堰流　　　　　　（c）实用堰流

（d）宽顶堰流　　　　　　　（e）有侧收缩堰流

图 6.22　堰流类型

（2）堰流的基本公式。运用能量方程式求解的堰流基本公式

$$Q=\varepsilon_1\sigma mb\sqrt{2g}H_0^{3/2}\qquad(6.14)$$

式中　ε_1——侧收缩系数；

　　　σ——淹没系数；

　　　m——流量系数；

　　　b——堰宽，m；

　　　H_0——堰上作用水头，$H_0 = H + \dfrac{v_0^2}{2g}$，$v_0$ 为堰上行近流速。

【例 6.4】 某矩形断面渠道中建有单孔平板闸门，如图 6.23 所示。已知平板闸门的宽度 $b = 4\text{m}$，闸前水深 $H = 4\text{m}$，闸孔流量系数 $\mu = 0.55$，闸门开度 $e = 0.5\text{m}$，闸底板与渠底齐平。计算闸孔出流流量。

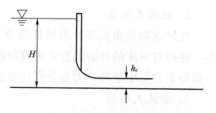

解： 不计闸前行进流速水头，按自由出流求过闸流量 Q。

图 6.23　单孔平板闸门

过闸流量 $Q = \mu e b (2gH)^{1/2} = 0.55 \times 0.5 \times 4 \times (2 \times 9.8 \times 4)^{1/2} = 9.74\ (\text{m}^3/\text{s})$

6.5.2　水工建筑物下游消能

泄水建筑物（如闸、堰等）抬高了上游水位，增加了下泄的单宽流量，下泄的水流一般均为急流，具有很强的冲刷能力，势必会冲刷下游河渠和建筑物的基础。因此，必须采取妥善措施消除下泄水流过多的能量，以减少其对河床的冲刷，并使下泄水流与下游河道的水流进行很好的衔接，从而保证建筑物的安全。在水利工程中，消除水流过多能量的建筑物称为消能建筑物。

目前，消能形式按下游水流衔接形式主要有以下三种。

1. 底流式消能

底流式消能又称水跃消能。建筑物下泄的急流利用水跃原理，有控制地使之通过水跃转变为缓流，再与下游水流衔接，同时主流在水跃区扩散消能。在这种方式的衔接消能段中，流速高的主流位于水流底部，故称为底流式消能，如图 6.24 所示。底流式消能中一般应尽量采用淹没式水跃衔接下游水深。但若出现远离水跃时，则应采取修建消力池等措施增加局部水深，设法形成淹没水跃。目前采用的基本措施有：

（1）降低槽底护坦高程，如图 6.25 所示。

（2）在护坦末端设置消能墙，如图 6.26 所示。

（3）既降低护坦高程又建造消能墙，形成综合消力池，如图 6.27 所示。

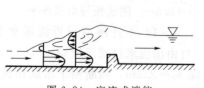

图 6.24　底流式消能

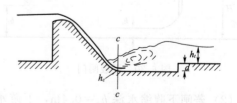

图 6.25　降低槽底护坦高程

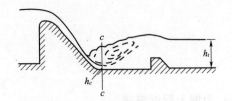

图 6.26 护坦末端设置消能墙　　　　图 6.27 综合消力池

2. 挑流式消能

在建筑物的出流部分采用挑流鼻坎将水流挑射入空中，降落在离建筑物较远的下游，使得对河床的冲刷位置离建筑物较远，而不致影响建筑物的安全。泄出水流的余能一部分会在空中消耗，大部分则在水流跌入下游形成的水垫中消除。如图 6.28 所示。

3. 面流式消能

在建筑物的末端部分采用垂直跌坎，将泄出的急流射入下游水域的上层，和河床隔离，以减轻对河床的冲刷。因消能段中表面部分流速较高，故称为面流式消能，如图 6.29 所示。

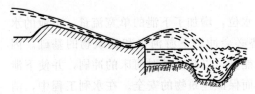

图 6.28 挑流式消能

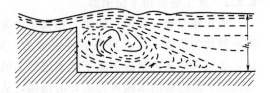

图 6.29 面流式消能

在实际工程中，除上述介绍的三种基本消能方式外，还有其他形式消能。例如：在消力池内装设一些消力墩，将水流分割成数股，目的是促使水流形成更多的漩涡和加强水流的碰撞，以提高消能效率；对于拱坝，可把溢洪道布置在两个坝肩上形成水流对冲；在挑流式消能中把挑流鼻坎布置成高低间隔，使挑射出去的水流在空中碰撞等，都可提高消能效果。还有将基本的消能方式混合应用，如底流、挑流结合，面流、挑流结合等。总之，在实际工程中要根据具体条件，采用合理的消能措施，使水流衔接好，消能效果高，以达到保证建筑物安全的目的。

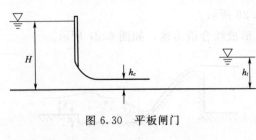

图 6.30 平板闸门

【例 6.5】 某矩形断面渠道中建有单孔平板闸门，如图 6.30 所示。已知平板闸门的宽度 $b=6\text{m}$，闸前水深 $H=5\text{m}$，闸孔流量系数 $\mu=0.45$，闸门开度 $e=0.5\text{m}$，闸底板与渠底齐平。

（1）不计闸前行近流速水头，按自由出流求过闸流量 Q。

（2）若闸下收缩水深 $h_c=0.4\text{m}$，下游水深 $h_t=2.5\text{m}$，判断闸下水跃衔接形式，并确定是否需要修建消力池？

解：（1）不计闸前行近流速水头，则 $H_0 = H$

$$Q = \mu e b (2gH)^{1/2} = 0.45 \times 0.5 \times 6 \times (2 \times 9.8 \times 4)^{1/2} = 13.36 \text{m}^3/\text{s}$$

（2）先求出单宽流量，再求共轭水深。

$$q = Q/b = 2.227 \text{m}^2/\text{s}$$

共轭水深

$$h''_c = \frac{h_c}{2}\left(\sqrt{1 + 8\frac{q^2}{gh_c^3}} - 1\right) = 1.403 \text{m}$$

利用共轭水深进行判断是否需要修建消力池。

$$h''_c = 1.403 \text{m} < h = 2.5 \text{m}$$

可以判断出，该水跃为淹没水跃，不需要修建消力池。

【**例 6.6**】 有一 3 孔 WES 型实用堰，如图 6.31 所示。每孔净宽 $b = 8.0$ m，上游堰高 $P = 35$m，水头 $H = 3.2$m，已知实用堰的流量系数 $m = 0.502$，侧收缩系数 $\varepsilon_1 = 0.96$，堰下游收缩水深 $h_c = 0.5$m，相应宽度 30m，下游水位低于堰顶，下游河道水深 $h_t = 3.5$m。

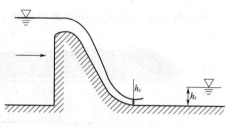

图 6.31 实用堰

（1）求实用堰的流量 Q。

（2）确定堰下游水跃衔接形式，说明堰下游是否需要修建消能设施？

（3）如采用底流式消能，消能池中的水跃应为什么形式水跃？

解：（1）不计堰前行进流速水头，则 $H_0 = H$。

$$Q = \sigma_s \varepsilon_1 mnb \sqrt{2g}H^{3/2} = 0.96 \times 0.502 \times 3 \times 8 \times \sqrt{19.6} \times 3.2^{3/2} = 293.3 \text{m}^3/\text{s}$$

（2）下游单宽流量 $q = Q/30 = 9.78 \text{m}^2/\text{s}$，临界水深 $h_k = \sqrt[3]{\frac{q^2}{g}} = 2.14$m

$$h_c = 0.5\text{m} < h_k < h_t = 3.5\text{m}, \text{ 而且 } h''_c = \frac{h_c}{2}\left(\sqrt{1 + 8\frac{q^2}{gh_c^3}} - 1\right) = 6.0\text{m} > h_t = 3.5\text{m}$$

可以判断出，堰下游发生远离式水跃，需要修建消力池。

（3）如采用底流式消能，消能池中的水跃应为微淹没式水跃，淹没系数为 1.05～1.1。

水闸的消能防冲

1. 水闸冲刷原因

水闸是一种低水头的水工建筑物，在水利工程中应用很广。水闸闸下消能防冲典型布置图如图 6.32 所示。水闸泄流时，闸下出流形式和下游流态比较复杂。初始泄流时，闸下水深较浅，随着闸门开度的增大而逐渐加深，在这个过程中，闸下泄流由孔流到堰流，由自由射流到淹没射流都会发生。特别是水闸上下水位差一般较小，此时无强烈的水跃旋滚，水面波动水流不易向两侧扩散，致使两侧产生回流，消能效果差，具有较大的冲刷能力。或是由于布置和运用不当，出闸水流不能均匀扩散，容易形成折冲水流，冲刷河岸及河床。

2. 水闸的消能方式

水闸的消能方式一般为底流消能。对于平原地区的水闸来说，由于水头低，下游水深大，加之土壤抗冲能力较小，所以无法采用挑流消能。又因水闸下游水深变化大，在一般情况下，难以形成稳定的面流式水跃。

3. 水闸防冲设施

底流消能防冲设施，一般采用护坦、海漫和防冲槽。

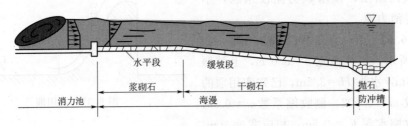

图 6.32　水闸闸下消能防冲典型布置图

（1）护坦。护坦是用来保护水跃范围内的河床不受水流冲刷、保证闸室安全的主要结构。为了利用水跃消减水流的动能，大都采用护坦促使出闸水流发生水跃。当下游水深不足时，常将护坦高程降低，形成消力池。为了提高护坦的消能效果，消力池末端一般设有 0.5m 高左右的尾槛，用以壅高池内水深，稳定水跃，调整槛后水流流速分布，并加强水流平面扩散，以减小对下游河床的冲刷。

（2）海漫。水流经过护坦消能后，仍有较大的剩余动能，紊动现象仍很剧烈，特别是流速分布仍不均匀，底部流速较大，具有一定的冲刷能力，故在消力池后面仍须采取防冲加固措施，如海漫和防冲槽。

海漫的作用是进一步消减水流剩余能量，保护护坦安全，并调整流速分布，保护河床，防止冲刷。

（3）防冲槽。水流经过海漫后，能量得到进一步消除，但仍具有一定冲刷能力，下游河床仍难免遭受冲刷。为了防护海漫，常在海漫末端挖槽抛石加固，形成一道防冲槽，旨在下游河床冲刷到最大深度时，海漫仍不遭破坏。

关于护坦、海漫和防冲槽的形式、布置以及构造等，参见《水闸设计》相关规范要求。

弯　道　水　流

人工渠道和天然河道都存在弯道，弯道水流因流线弯曲，而属于明槽非均匀急变流。弯道内的水流既可以是急流也可以是缓流。这里只介绍弯道缓流的一些水力现象及有关问题。

1. 弯道缓流的横向水面坡度

缓流经弯道时，其液体质点除受重力外，还受到离心惯性力的作用。这时，过水断面上的水面不再是水平的，而是弯道凹岸的水面比凸岸的水面高出 Δz，从而形成水面的横向坡度。河道曲率越大，水流流速越大，则横向超高 Δz 越大，从而水面的横向坡度也越大。通过受力分析，可以得到横向超高的近似计算公式为

$$\Delta z = \frac{Bv^2}{gR_c} \tag{6.15}$$

式中　B——弯道水面宽度；

　　　v——弯道断面平均流速；

　　　R_c——弯道中心线的曲率半径。

该式反映了流速和曲率半径对横向超高的影响，如图 6.33 所示。

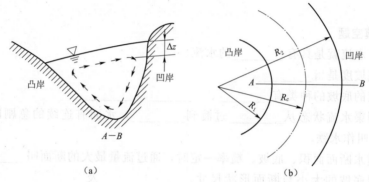

图 6.33　横向水面坡度

弯道的横向水面超高使河道整治工程的规划设计必须考虑两岸堤顶高程的不同。

2. 弯道中的横向环流

弯道水流在重力和离心惯性力作用下形成横向水面坡度的同时，还将形成断面上的环流运动。如图 6.34（a）所示，一任意形状断面的弯道，在横断面上取一微分柱体，作用在柱体上的横向力有离心惯性力和动水压力。离心惯性力的大小正比于纵向流速的平方，流速沿水深递减，惯性也呈二次曲线关系减小，如图 6.34（b）。液柱两侧动水压强分布如图 6.34（c）所示，两侧压强差如图 6.34（d）所示，离心惯性力与压强差的合力如图 6.34（e）所示。由合力分布可知，它的上部指向凹岸，而下部指向凸岸，构成旋转力矩，使水流沿横断面产生旋转运动，称为弯道上的横向环流。

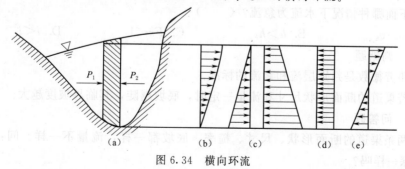

图 6.34　横向环流

弯道横向环流相对于主流而言，又称副流，实际上横向环流与主流相结合，使弯道水流呈螺旋状水流向前流动。由于弯道环流的影响，凹岸将发生冲刷，凸岸将发生淤积，使河流弯道的平面形态不断发生改变。这种变化会危及堤岸的安全，影响航道、引水工程的正常运行，因此结合工程具体要求，根据弯道水流特性，要采取措施稳定河道，防止向不利的方向转化和发展。

3. 弯道缓流的水头损失

由于弯道水流存在显著的螺旋流运动，使水流增强了紊动，有时还会发生水流与凸岸的分离，产生旋涡区，从而增大了水流的能量损失。弯道缓流的能量损失可用局部水头损失公式计算。

习 题 6

6.1 填空题

1. 明渠水流就是具有_____的水流。

2. 渠底坡度是指_____。

3. 渠道的底坡的种类有_____、_____、_____。

4. 当明渠水流状态从_____过渡到_____，水面有连续的急剧的降落，这种降落现象叫作水跌。

5. 在过水断面面积、底坡、糙率一定时，通过流量最大的断面叫_____。

6. 临界底坡的大小与断面形状尺寸、_____及_____有关，与底坡大小无关。

6.2 选择题

1. 只有在（ ）渠道中才有可能发生明渠均匀流。

A. 顺坡   B. 平坡   C. 逆坡   D. 临界坡

2. 若 $Fr>1$，则水流流态为（ ）。

A. 渐变流   B. 急变流   C. 缓流   D. 急流

3. 正常水深小于临界水深时的底坡叫（ ）。

A. 顺坡   B. 逆坡   C. 缓坡   D. 陡坡

4. 在平坡中不可能发生（ ）。

A. 均匀流   B. 非均匀流   C. 缓流   D. 急流

5. 下面哪种情况下水流为急流？（ ）

A. $v>v_k$ B. $h>h_k$ C. $Fr<1$ D. $i<i_k$

6.3 判断题

1. 弗劳德数是判别层流和紊流的标准。 （ ）

2. 若渠道的断面形状尺寸和流量一定时，底坡越陡，其临界坡度越大。 （ ）

6.4 问答题

1. 两条渠道的断面形状、尺寸、糙率、底坡都一样，流量不一样。问：它们的临界水深一样吗？

2. 写出明渠均匀流的流速和流量公式，式中各符号代表什么意思？

3. 急流和缓流的判别有几种方法？如何判别？

4. 水跌及水跃各在什么情况下发生？

5. 按水跃在建筑物下游发生的位置，水跃有哪几种形式？各有何特点？

6. 常用的消能形式有哪几种？

7. 在渠道流量计算中，如果糙率 n 选得比实际偏大（或偏小），对过水能力计算结果将产生什么样的影响？

6.5　计算题

1. 某渠道断面为梯形，底宽 $b=15\text{m}$，边坡系数 $m=1.0$，底坡 $i=0.00025$，糙率 $n=0.025$，水深 $h=2.0\text{m}$，求流量和流速。

2. 一矩形渠道，呈均匀流动，粗糙系数 $n=0.02$，宽 $b=10\text{m}$，正常水深 $h_0=3\text{m}$。通过的流量 $Q=60\text{m}^3/\text{s}$，试求该渠道的 h_k、v_k，并分别判别其流动状态。

3. 一矩形人工渠道，宽 $b=12\text{m}$，水深 $h=3.5\text{m}$，底坡 $i=0.0002$，糙率 $n=0.025$，试求流量并判定它是缓流还是急流。

4. 某一较长的矩形渠道用浆砌条石筑成，粗糙系数 $n=0.028$，底宽 $b=8\text{m}$，渠底坡 $i=1/8000$。当水深为 3.95m 时，求通过流量。

5. 某渠断面为梯形，底宽 $b=15\text{m}$，边坡系数 $m=2.0$，底坡 $i=0.00025$，糙率 $n=0.0225$。计算水深 2.15m 时输送的流量及平均流速。糙率 $n=0.025$ 时流量有什么变化？

6. 长江某断面平均水面宽度 $B=1000\text{m}$，平均水深 $h=10\text{m}$，当通过流量 $Q=9000\text{m}^3/\text{s}$ 时，求其佛汝德数，并判断是缓流还是急流？

7. 底宽 $b=1.5\text{m}$ 的矩形明渠，通过流量为 $Q=1.5\text{m}^3/\text{s}$，已知渠中的水深 $h=0.4\text{m}$，则判断该处水流动态。

8. 有一矩形断面混凝土渡槽（$n=0.014$），底宽 $b=1.5\text{m}$，槽长 $L=116.5\text{m}$。当通过设计流量 $Q=7.65\text{m}^3/\text{s}$ 时，槽中均匀流水深 $h_0=1.7\text{m}$，试求渡槽底坡 i。

9. 某灌溉渠道的进水闸，如题图 6.1 所示，闸孔宽度为 6.0m，闸底高程为 52.0m。下游消能段断面为矩形，宽度与闸孔相同。上游水位为 58.0m，闸孔开启高度 $e=1.0\text{m}$，通过闸孔的流量 $Q=38\text{m}^3/\text{s}$，下游水位为 55.0m，闸下游水流收缩断面水深 $h_c=0.62\text{m}$，试判别下游水跃的形式，并计算水跃的长度。

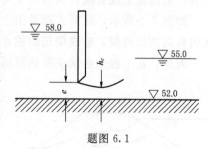

题图 6.1

第7章 渗 流 基 础

在水利工程中，存在许多渗流问题，比如水流流经挡水建筑物发生渗流，水流透过水工建筑物地基发生渗流等，此外，开采石油或煤矿，也会遇到地下渗流问题。因此，我们必须要研究渗流的现象及其运动基本规律，服务于工程应用。

渗流主要是指水在孔隙介质中的流动，即水在地表以下的土壤或岩石裂隙中的流动，也称为地下水流动。

【学习指导】

通过本章的学习，同学们能解决以下问题：

1. 理解渗流模型的内容。

2. 掌握达西定律及其使用范围，了解渗透系数的确定方法。

3. 了解地下河槽的恒定渗流和渐变渗流的杜皮幼公式。

4. 了解地下集水廊道、简单井的水力计算。

7.1 渗 流 概 述

7.1.1 水利工程中常见的渗流问题

1. 挡水建筑物和河渠的渗流

如图 7.1 所示，土坝、河堤和围堰等挡水建筑物通常是由土、堆石等透水材料筑成，在挡水过程中，水就会在通过这些透水材料时造成水量的损失，当渗流的流速过大时，形成流土或管涌，从而发生垮坝或决堤的危险。

如图 7.2 所示，河渠大都是由土体组成，当水体在渠道中流动时将通过渠道的透水边界向四周渗漏，造成渠道的输水量减少，甚至会丧失输水功能。

因此，在工程中必须正确估算可能发生的渗流，并采取合理工程措施进行防渗。

7.1 Ⓟ

渗流概述

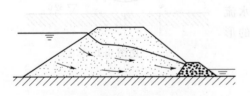

图 7.1 挡水建筑物发生渗流

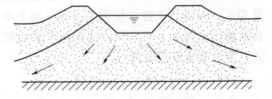

图 7.2 河渠的渗流

2. 水工建筑物地基的渗流

如图 7.3 所示，水工建筑物修在土、砂砾石、岩石等透水地基上，水透过地基渗透时，会引起水量损失。另外，建筑物底部将产生一个向上的扬压力，也会影响建筑物的稳定。

3. 集水建筑物的渗流

如图 7.4 所示，在工业用水或城乡供水以及农田灌溉工程中，常采用井或廊道等集水建筑物汇集地下水资源。在工程施工中，为了达到降低地下水位、排掉地下水的目的，也常采用集水井或集水廊道。因此，需要正确计算井或廊道等集水建筑物的渗流量。

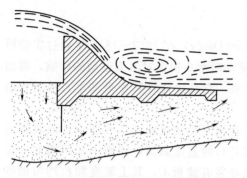

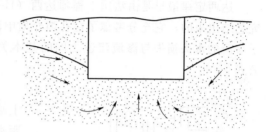

图 7.3 水工建筑物地基中的渗流   图 7.4 集水建筑物的渗流

7.1.2 渗流模型

自然土壤的颗粒，在形状和大小上相差悬殊，颗粒间孔隙形成的通道，在形状、大小和分布上也很不规则。渗流在土壤孔隙通道中的运动是很复杂的，无论是理论分析或实验观察都很困难，实际上也无此必要。在实际工程中，关键是知道某一个范围内渗流的宏观平均效果。因此在工程中常采用某种平均值来描述渗流。

渗流模型：认为全部渗流空间充满着连续的水流。不考虑土壤颗粒的存在，这种假想的渗流称之为"渗流模型"。渗流模型的实质在于，把实际上并不充满全部空间的液体运动，看作是连续空间内的连续介质运动。即以理想的、简化了的渗流来代替实际的、复杂的渗流。

根据渗流模型，任取渗流模型中某一过水断面，其面积为 ΔA（包括土壤颗粒面积和空隙面积），通过的渗流量为 ΔQ，则渗流模型的平均渗流流速（简称渗流速度）为

$$u=\frac{\Delta Q}{\Delta A} \tag{7.1}$$

由于 ΔA 是包括土壤颗粒面积和水流动所占据的空隙面积，因此，实际过水面积 $\Delta A'$ 比 ΔA 小。若土壤是均质的，孔隙率为 n，则实际的过水面积 $\Delta A'=n\Delta A$，于是孔隙中真实水流的平均流速为

$$u'=\frac{\Delta Q}{n\Delta A} \tag{7.2}$$

因为 $n=\frac{\Delta A'}{\Delta A}<1$，故模型渗流速度小于土壤空隙中的实际速度。

以渗流模型取代真实的渗流，必须遵守以下原则：

（1）通过渗流模型的流量和实际渗流量相等。

（2）对于同一个受压面，从渗流模型所得出的水压力和真实渗流的水压力相等。

（3）对于同一渗流路径，渗流模型的阻力和实际渗流所受阻力相等，亦即水头损失相等。

7.2 渗流基本定律——达西定律

7.2.1 达西定律

达西定律最早是由法国工程师达西（Henri Darcy）在 1852—1855 年通过实验研究总结出来的，它充分考虑了在孔隙介质中流动时水头损失对渗流运动的影响，得出了渗流的水头损失与渗流流速之间的基本关系，它是渗流计算中最基本、最重要的公式。

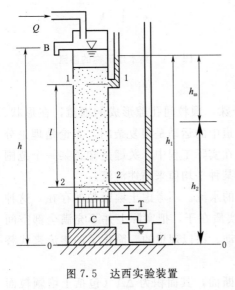

图 7.5 达西实验装置

达西实验装置如图 7.5 所示，该装置为上端开口的直立圆筒，圆筒下部距筒底一定距离处装有滤板 C，其上装有颗粒均匀的砂粒，水从上端注入筒内，并以溢水管 B 维持筒内水位恒定。水流经砂体渗透后经滤水板 C 排出，再通过短管 T 流入容器中，并由此计算渗流流量 Q。在相距 l 的筒侧壁上装有两支测压管，由于渗流流速极为微小，故可忽略流速水头，因此总水头 H 可用测压管水头 h 代替。圆筒中的水流为均匀流，测压管水头差为断面 1-2 间的水头损失。

$$h_w = h_1 - h_2 \tag{7.3}$$

水力坡度为

$$J = \frac{h_w}{l} = \frac{h_1 - h_2}{l} \tag{7.4}$$

达西通过对不同尺寸的圆筒和不同类型的土壤反复实验，得出：渗流中所通过的渗透流量 Q 与圆筒的横断面面积 A 和水力坡度 J 成正比，并与土壤的透水性能有关，即

$$Q = kAJ \tag{7.5}$$

$$v = \frac{Q}{A} = kJ \tag{7.6}$$

式中 　v——渗流断面平均流速，称渗流速度；

　　　k——反映土壤透水性能的比例系数，称为渗透系数；

　　　J——水力坡度。

达西实验是在等直径圆筒内均质砂质中进行的，属于均匀渗流，可认为渗流区中各点的流动状况是相同的，任一点的速度等于渗流断面平均流速，可得点流速的达西定律为

$$u = kJ \tag{7.7}$$

达西定律表明均质孔隙介质中，渗流的水力坡度与渗流流速的一次方成比例，因此也称渗流线性定律。

7.2.2 达西定律的适用范围

达西定律是在恒定均匀流条件下导出的，公式中渗流运动水头损失与流速的一次方成正比，是液体作层流运动所遵循的规律，由此可见，达西定律只能适用于层流渗流。

通过实验和研究表明，随着渗流流速的加大，水头损失将与流速的 $1 \sim 2$ 次方成比例，当流速大到一定数值后，水头损失和流速的 2 次方成正比，成为紊流渗流。所以，达西定律并不适用于所有的渗流运动。

工程中常采用雷诺数来判别渗流运动形态。当 $Re < Re_k$ 时，渗流为层流，其中 Re 为渗流的实际雷诺数，Re_k 为渗流的临界雷诺数。

渗流的雷诺数计算公式为

$$Re = \frac{v d_{10}}{\nu} \tag{7.8}$$

式中　d_{10}——土壤的有效粒径，即筛分时占 10% 重量的土粒所能通过的筛孔直径；

　　　v——渗流平均流速；

　　　ν——水的运动黏滞系数。

实测资料表明临界雷诺数为：$Re_k = 1 \sim 10$，为安全起见，取 $Re_k = 1$。

在水利工程中，绝大多数渗流属于层流范围，达西定律均适用，但在堆石坝、堆石排水等裂隙介质中的渗流一般为紊流。

应注意，上述所讨论的渗流规律是针对土体结构没有遭受破坏的情况，即未发生渗透变形。若渗流的作用使土壤颗粒发生了运动，发生了流土和管涌，改变了原有土壤结构，即产生了渗流变形和渗流破坏，不在本章讨论范围内。

7.2.3 渗透系数

渗透系数是反映土壤性质和液体性质对渗流影响的综合系数。它主要取决于土壤颗粒的形状、大小、孔隙率、不均匀系数及水温，没有理论公式，只能借助于经验和实验方法。以下是经常采用的测定渗透系数的方法，都有不同的特点和使用条件。

1. 实验室测定法

采用达西实验装置，对从现场采集的土样进行测定，将测得的流量 Q 和相应的水头损失代入下式，即可求得渗透系数 k 值。

$$k = \frac{QL}{Ah} \tag{7.9}$$

该方法从实际出发，简单可靠，但难保证取样和操作过程中土样不受扰动，另外所取土样量太少，不能完全反映实际情况。

2. 现场测定法

在工程现场钻井或挖坑，进行抽水或压水实验，再根据计算公式，即可求得平均渗透系数。

该方法较为可靠，能获得较为符合实际的平均渗透系数值。但规模较大，所需设备和人力较多，通常仅在大型工程中采用。

3. 经验方法

在进行初步估算，又缺乏可靠的实际资料时，可参照有关手册、规范及已建成工程的资料来选定 k 值。表 7.1 中给出了几种土壤的渗透系数 k 值。该方法只能在粗略估算时采用，可靠性较差。

表 7.1　　几种土壤的渗透系数 k 值

土 名	渗 透 系 数	
	$k/(\mathrm{m/d})$	$k/(\mathrm{cm/s})$
黏土	<0.005	$<6\times10^{-6}$
亚黏土	$0.005\sim0.1$	$6\times10^{-6}\sim1\times10^{-4}$
轻亚黏土	$0.1\sim0.5$	$1\times10^{-4}\sim6\times10^{-4}$
黄土	$0.25\sim0.5$	$3\times10^{-4}\sim6\times10^{-4}$
粉砂	$0.5\sim0.1$	$6\times10^{-4}\sim1\times10^{-3}$
细砂	$1.0\sim5.0$	$1\times10^{-3}\sim6\times10^{-3}$
中砂	$5.0\sim20.0$	$6\times10^{-3}\sim2\times10^{-2}$
均质中砂	$35\sim50$	$4\times10^{-2}\sim6\times10^{-2}$
粗砂	$20\sim50$	$2\times10^{-2}\sim6\times10^{-2}$
均质粗砂	$60\sim75$	$7\times10^{-2}\sim8\times10^{-2}$
圆砾	$50\sim100$	$6\times10^{-2}\sim1\times10^{-1}$
卵石	$100\sim500$	$1\times10^{-1}\sim6\times10^{-1}$
无填充物卵石	$500\sim1000$	$6\times10^{-1}\sim1\times10$
稍有裂隙岩石	$20\sim60$	$2\times10^{-2}\sim7\times10^{-2}$
裂隙多的岩石	>60	$>7\times10^{-2}$

注　本表引自中国建筑工业出版社 1975 年版《工程地质手册》。

7.4 ℗

地下河槽中
恒定渗流

7.5 ▣

地下河槽中恒
定渗流测试

7.3　地下河槽中恒定渗流

在不透水基地上的孔隙区内，具有自由水面（潜水面）的地下水流动称为地下河槽渗流或无压渗流。

7.3.1　地下明槽恒定均匀渗流

如图 7.6 所示，对于底坡为 i 的地下河槽均匀渗流，其水深和断面平均流速沿程不变，水力坡度 J 和底坡 i 相等。按照达西定律，断面平均流速为

$$v=ki \tag{7.10}$$

通过过水断面的渗透流量为

$$Q=kiA_0=kibh_0 \tag{7.11}$$

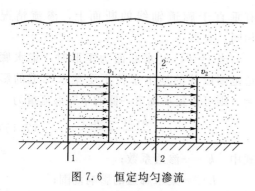

图 7.6　恒定均匀渗流

式中　A_0——地下河槽均匀流渗流的过水面积；

　　　b——地下河槽的宽度；

　　　h_0——均匀流渗流的水深。

地下河槽恒定均匀流常用单宽流量计算，表示为

$$q=kih_0 \tag{7.12}$$

另外，在恒定均匀渗流中，流线为相互平行的直线且平行于不透水底坡，各点渗流的流速全区相等，如图 7.6 所示。因此

$$u=v=ki \tag{7.13}$$

7.3.2　地下明槽恒定渐变渗流

如图 7.7 所示恒定渐变渗流，流线为接近于平行的直线，各个断面水深和断面平均流速沿程发生变化。但由于渗流流速很小，可以认为同一过水断面上各点的测压管水头相等，各点水力坡度也相等。因此过水断面平均渗流流速等于该断面上任意一点的渗流流速。即

$$v=u=k\frac{\Delta H}{\Delta L}=kJ \tag{7.14}$$

式中　ΔH——相邻两断面的测压管水头差；

　　　ΔL——相邻两断面间的距离；

　　　k——渗透系数；

　　　J——水力坡度。

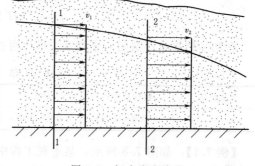

图 7.7　恒定渐变渗流

上述公式为杜皮幼公式，该公式表明，在渐变渗流中，同一断面上各点流速相等，并等于断面平均流速，流速分布图为矩形。但应注意，不同过水断面上的流速大小则是不相等的，如图 7.7 所示。对于急变流，过水断面为曲面，因为过水断面变化较大，水面坡度较陡，渗流流速分布不均，不再适用杜皮幼公式。

7.4　集水廊道与井的渗流量计算

集水廊道和井是给水工程吸取地下水源的建筑物，应用甚广。从这些建筑物中抽水，会使附近的天然地下水位降落，可起到排水作用。

7.4.1　集水廊道渗流量计算

如图 7.8 所示，一廊道修建于水平不透水层上，从廊道中抽水，则地下水不断流向廊道，其两侧形成对称于廊道轴线的降水浸润线，也就是水面线。此时，若含水层的体积很大，廊道很长，可视为平面渗流问题。抽水一段时间后，廊道中保持某一恒定水深 h_0，可近似地形成无压恒定渐变渗流，且两侧浸润线的形状位置基本不变，所

7.6 ⓟ

集水廊道与井的渗流量计算

7.7 ⊚

集水廊道与井的渗流量计算测试

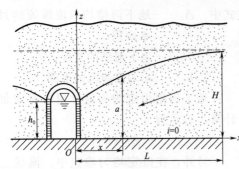

图 7.8 对称于廊道轴线的降水浸润线

有垂直于廊道轴线的断面上，渗流情况相同。

当 $i=0$，过水断面为矩形时，集水廊道范围以外的地下水位不受集水廊道的影响，则可得集水廊道一侧的单宽渗流量为

$$q=\frac{k(H^2-h_0^2)}{L} \qquad (7.15)$$

式中　k——渗透系数；

　　　L——集水廊道的影响范围；

　　　H——在影响范围之外的地下水位；

h_0——集水廊道中的水深。

若引入浸润曲线的平均水力坡度

$$\overline{J}=\frac{H-h_0}{L} \qquad (7.16)$$

则实用单宽渗流量公式可表示为

$$q=\frac{k}{2}(H+h_0)\overline{J} \qquad (7.17)$$

在初步估算水产量时，平均水力坡度可按表 7.2 选取。

表 7.2 　　　　　　　　　　J 的 估 算 值

土体性质	粗砂及卵石	砂土	亚砂土	亚黏土	黏土
J	0.003～0.005	0.005～0.015	0.03	0.05～0.10	0.15

【例 7.1】　如图 7.8 所示，某水利工程中，为降低地下水位，有一条修建在不透水层上的集水廊道，长为 180m，经测定廊道的水深为 2.5m，原来地下水深为 6.2m，集水廊道的影响范围为 95m，由廊道排出的总流量为 2.4L/s。求土层的渗透系数。

解：（1）由于廊道中汇集的地下水是由两侧土层中渗出的，则每一侧渗出的单宽渗流量为

$$q=\frac{1}{2}\times\left(\frac{Q}{180}\right)=\frac{1}{2}\times\frac{2.4\times10^{-3}}{180}=6.67\times10^{-6}[\text{m}^3/(\text{s}\cdot\text{m})]$$

（2）根据集水廊道一侧单宽渗流量计算公式得到渗透系数为：

$$k=\frac{2qL}{H^2-h_0^2}=\frac{2\times6.67\times10^{-6}\times95}{6.2^2-2.5^2}=3.9\times10^{-5}\ (\text{m/s})=3.9\times10^{-3}\ (\text{cm/s})$$

7.4.2　井的渗流量计算

井是用来汲取地下水或排水用的集水建筑物。某些地区由于地面水源不足，常采用打井来抽取地下水灌溉农田或供应城镇工业及居民用水，水利工程中为了降低地下水位，也经常采用打井抽水的办法，因而研究井的渗流具有广泛的实际意义。

根据水文地质条件，将井按其位置可分为潜水井和承压井两种基本类型。潜水井又称普通井，可汲取地表下潜水含水层中的无压地下水。承压井又称自流井，它可穿过一层或多层不透水层，从承压含水层中汲取承压水。

以上两种类型的井，井底到达不透水层的井称为完全井，井底未到达不透水层的井称为非完全井。本章仅分析完全井的渗流量计算。

1. 普通完全井

图 7.9 所示为一井底到达不透水层的完全潜水井，含水层位于水平不透水层上，含水层厚度为 H，掘井以后井中初始水位和原地下水位相同。当井中开始抽水后，含水层中地下水开始流向水井，井中水位和周围地下水位开始下降。如果抽水继续进行并且抽水流量保持不变，同时

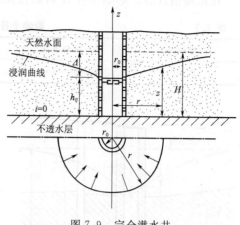

图 7.9 完全潜水井

假定含水层体积很大，可以无限制地供给一定流量而不致使含水层厚度 H 有所改变，则流向水井的地下渗流形成恒定流，此时井中水深 h_0 保持不变，周围地下水面降到某一固定位置，形成一恒定的漏斗形状。

因此，在均质各向同性的地层中，当含水层足够大时，可以认为渗流为恒定流，并且流向水井的渗流过水断面，乃是一系列的同心圆柱面，通过井轴中心线沿径向的任何剖面上，流动情况都是相同的。除井附近区域外，水面线的曲率较小，可以近似认为是渐变渗流，可以利用杜皮幼公式进行分析得到井的恒定最大供水量为

$$Q=\frac{k(H^2-h_0^2)}{0.73\lg\dfrac{R}{r_0}}\tag{7.18}$$

式中　Q——抽水流量；

　　　k——含水层的渗透系数；

　　　h_0——井中水深；

　　　r_0——井的半径；

　　　H——含水层厚度；

　　　R——影响半径，即认为在半径大于 R 的区域，地下水位不受井中抽水的影响。

从理论上讲，影响半径应为无穷大，但从实用的观点看，可以认为井的影响半径是一个有限的数值。例如，当含水层厚度已经非常接近于 H（比如 $95\%H$）的地方，可以认为井的影响到此为止了。利用式（7.18）计算井的供水量时，必须先确定影响半径 R，在重要的计算中最好采用野外实测的方法来确定；在一般初步计算中，R 可用经验公式来估算，即

$$R=3000\Delta\sqrt{k}$$
$$\Delta=H-h_0\tag{7.19}$$

式中　Δ——井的抽水深度，m；

　　　R——影响半径，m；

　　　k——以 m/s 计。

在粗略估计时，影响半径 R 可以按照表7.3取用。

表 7.3 影响半径 R 经验值

土壤种类	细粒土壤	中粒土壤	粗粒土壤
R/m	$100\sim200$	$250\sim500$	$700\sim1000$

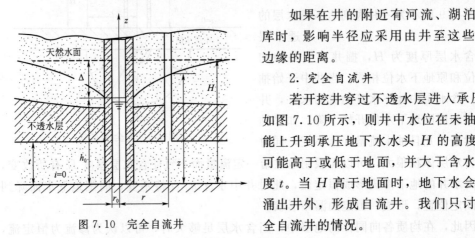

图 7.10 完全自流井

如果在井的附近有河流、湖泊、水库时，影响半径应采用由井至这些水体边缘的距离。

2. 完全自流井

若开挖井穿过不透水层进入承压层，如图 7.10 所示，则井中水位在未抽水时能上升到承压地下水水头 H 的高度。H 可能高于或低于地面，并大于含水层厚度 t。当 H 高于地面时，地下水会自动涌出井外，形成自流井。我们只讨论完全自流井的情况。

设承压含水层厚度均匀且为水平，当抽水量恒定不变，经过一段时间，可以认为井内渗流达到恒定状态，地下水的水面线呈漏斗形，井中水位恒定不变。可以近似认为是渐变渗流，根据杜皮幼公式，进行分析，得到完全自流井的恒定最大供水量为

$$Q=2.73\frac{kt(H-h_0)}{\lg\dfrac{R}{r_0}}=2.73\frac{kt\Delta}{\lg\dfrac{R}{r_0}} \tag{7.20}$$

式中　Q——抽水流量；

　　　k——含水层的渗透系数；

　　　h_0——井中水深；

　　　r_0——井的半径；

　　　Δ——井的抽水深度；

　　　H——潜水层的含水层厚度；

　　　t——承压层的含水层厚度；

　　　R——影响半径，即认为在半径大于 R 的区域，地下水位不受井中抽水的影响。

【例 7.2】　一水平不透水层的完全潜水井如图 7.9 所示，井的半径为 0.5m，含水层厚度为 14m，实测土的渗透系数为 0.0001m/s，抽水后井中水面下降了 3m，求井的出水量。

解：

（1）利用经验公式确定影响半径：

$$h_0=H-\Delta=14-3=11\text{m}$$

所以　　　　　$R=3000S\sqrt{k}=3000\times3\times\sqrt{0.0001}=90\text{m}$

（2）根据完全潜水井的计算公式计算井的出水量：

$$Q=\frac{k(H^2-h_0^2)}{0.73\lg\dfrac{R}{r_0}}=\frac{0.0001\times(14^2-11^2)}{0.73\lg\dfrac{90}{0.5}}=0.00456\text{m}^3/\text{s}=4.56\text{L/s}$$

阅读材料

渗流的工程应用

　　挡水建筑物、集水建筑物、引水构筑物、基础工程、地下工程、边坡工程等涉及土壤中的渗透特性，需要研究土壤的渗流量、扬压力、渗水压力、渗透破坏、渗流速度、渗水面的位置等有关渗流的问题。在防治地下水渗流引起的污染、渗流抽水引起的地面沉降、堤坝渗流引起的坍塌等灾害时，均有大量渗流力学问题。下面简述有关的渗流力学问题。

　　深基坑施工中的降水：在基坑工程中，由于土质条件和地下水位的不同，基坑开挖方法也不尽相同，在地下水较少或无水条件下，开挖相对比较简单，但在地下水位较高，而土层又以砂土或粉土为主时，极有可能产生塌方等灾害性事故。尤其是深基坑工程中，地下水的危害较大，应在施工中采取必要的措施加以处理。降水是深基坑地下水处理最直接有效的方法之一，在很多工程中得到了成功的应用。地下水在基坑工程实施过程中的危害主要表现为流沙、管涌和基坑的底鼓或突涌，而且主要发生在土壤颗粒细（尤其是粉质黏土、粉砂等土层）、饱和含水的地区。此外，地下水对坑壁和坑底土的潜蚀、孔隙水压力的增长引起有效应力的减小及相应的抗剪强度的降低等多方面的影响也不容忽视。在基坑开挖施工中，为了避免产生流沙、管涌，防止坑壁土体的坍塌，保证施工安全和工程质量，一般尽量避免在水下作业。当地下水位高于基坑面时，应进行基坑降水，其主要目的有：①保持坑底干燥，改善施工环境，保证开挖；②增加坑底稳定性；③提高基坑内土体物理力学性能指标；④提高土体固结程度，增加地基抗剪强度。

　　除险加固坝体的渗流观测：观测内容包括坝体及坝基渗漏量、水质分析、土石坝坝体浸润线、坝基测压管水位，混凝土坝坝基扬压力及坝体渗压力等观测。观测方法充分利用已有的观测测压管，进行恢复与完善，局部进行补充，对完全失效或未布设的按规范进行重新布设。为便于实现自动化观测，在测压管内安装振弦渗压计。其中坝体浸润线观测一般观测断面不少于 3 个，观测断面位置一般选择在最具有代表性的、能控制主要渗流情况和估计可能出现异常渗流情况的横断面上。在每一观测横断面内，测压管的位置和数量一般依据坝型、坝体尺寸、防渗设施体型、排水设施形式、地质情况等因素来决定。

　　水利工程中的渗流与生态：渗流与生态环境是密切相关的，渗流是维持生态系统的水体循环、营养物质输移的重要方式，对维护生态系统的正常功能起着重要作用。湖泊、湿地与河流都是通过渗流与地下水、地表水形成一个完整的水循环系统。渗流对生态环境也有不利的一面，如洪水期堤坝因渗漏发生垮决、冲毁农田、淹没城镇，不合理的截渗、防渗措施阻断水陆水体联系等。渗流控制技术是水利工程（大坝、水闸、堤防等）维持稳定与安全的关键技术之一，但同时也对生态环境产生了许多负面影响，如堤岸混凝土不透水护面和河底衬砌隔断河、岸水体循环，使水陆生态系统受损；水库淹没会引起大量移民及生物物种的消失、下游湿地消失和湖泊干涸等；水闸建设使河道淤塞、水质变坏、干支流河道水体交换频率下降等。水利专家在河流生态系统的特点基础上，分析水利工程对河流生态系统的胁迫、水利工程中渗流与生态的关系及渗流技术在生态环境保护方面可能应用的前景等问题，并提出了水库浸润线、淹没面积、生物物种损失的生态评价模式在优选大坝方案、降低水库淹没损失和评价水利工程生态效益方面的研究。

渗流理论在湖泊治理中的应用：水利专家采用野外渗水试验、抽水试验，确定了土体在饱和状态下的渗透系数，为渗漏计算和地下水动态分析提供了合理的计算参数。水利专家应用二维和三维渗流有限元对龙子湖工程进行了多种防渗方案（天然、铺盖、土工布）和不同水位条件下组合分析计算，确定了各种情况下的渗漏量的大小，并对各种防渗方案进行了比较论证，确定了最优防渗方案，为区内次生盐渍化和生态环境研究提供了科学依据。

渗流反演分析在工程设计中的应用：马来西亚明光水库大坝为风化花岗岩残积土基础，勘探结果表明，坝基渗透性指标离散性大，得出坝基土渗透性较小、不予进行防渗处理的结论。然而，在水库运用过程中，出现渗漏现象。工程扩建加高，仅依据现场试验结果，对地基渗透情况作出评价更为困难。根据实测资料，进行反演分析，推求坝基、坝体的渗透系数。通过反演分析，得出与观测结果基本一致的坝体、坝基渗透性指标，成为工程设计的主要依据，并指出勘探成果发生离散的原因。运用反演分析得到的参数，对扩建加高后的大坝渗流量及坝基渗透稳定性进行预测和评价，得出大坝渗漏量大、坝基渗透稳定不满足要求、需要进行防渗处理的结论，并针对该工程的实际情况提出防渗处理方案。

活 动 与 探 究

活动 渗流测定实验

【实验活动背景】

在研究与水有关的建筑物的设计、施工、管理时，通常需要知道土壤的渗流情况。能进行简单的渗流计算。

【实验活动的任务】

1. 测定均质砂的渗透系数 k 值，加深对渗透系数的认识。

2. 测定通过砂体的渗透流量与水头损失的关系，验证达西定律，从而提高对直线渗透定律的理解。

3. 通过实验，确定水流通过砂体的雷诺数，判别达西定律的适用范围。

【实验活动的设计与实施】

实验工具介绍

本实验的装置如实验图 7.1 所示。

7.8

渗流测定
实验

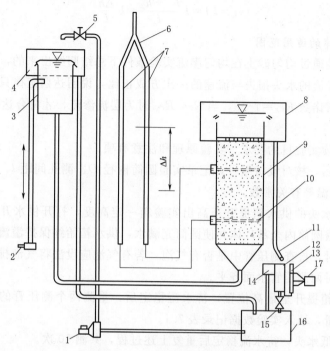

实验图 7.1 达西定律实验装置

1—水泵；2—摇把；3—供水箱；4—供水箱溢流槽；5—供水调节阀；6—抽气软管；7—测压管；
8—实验箱溢流槽；9—实验箱；10—测压排管；11—转向阀；12—测量箱；13—测水位管；
14—溢流槽；15—泄水阀；16—存水箱；17—流量测量箱

实验原理介绍

1. **达西定律**

液体在孔隙介质中流动时，由于黏滞性作用将会产生能量损失。法国水力工程师亨利·达西于 1852—1855 年间在装有均质砂土的圆筒中进行实验。因为渗流流速极为微小，所以流速水头可以忽略不计。

渗流流速与水力坡度成正比，即线性渗流定律，这是渗流的基本定律，后人称之为达西定律，其公式为

$$v = kJ$$

式中 k——反映土壤渗流特性的一个综合指标，称为渗透系数。

由于渗流速度很小，故流速水头可以忽略。因此总水头 H 可用测管水头来表示，水头损失可用测管水头差来表示，即

$$H = h = z + p/\gamma, \quad h_w = h_1 - h_2 = \Delta h$$

于是，水力坡度可用测管水头坡度来表示：

$$J = \frac{h_w}{l} = \frac{h_1 - h_2}{l} = \frac{\Delta h}{l}$$

式中 l——两个测压管孔之间的距离；

h_1 和 h_2——两个测压孔的测管水头。

$$v=kJ=k\frac{h_1-h_2}{l}=k\frac{\Delta h}{l}$$

2. 达西定律的适用范围

达西定律是通过均匀砂土在均匀渗流实验条件下总结归纳出来的，因此有其一定的适用范围。渗流的水头损失与流速的一次方成正比，说明达西定律只适用于层流渗流，渗流临界雷诺数 $Re_k=7\sim9$，当 $Re<Re_k$ 时为层流渗流，才符合达西定律。

实验步骤

1. 认真阅读实验目的要求、实验原理和注意事项。

2. 熟悉仪器，核对设备编号，记录实验圆筒内径 D、测孔间距 l、砂样有效粒径 d、孔隙率及水温等有关常数。

3. 将调节水头的供水箱提升至高出实验箱一定高度，打开供水开关向实验箱中注水，让水浸透圆筒内全部砂体并使圆筒充满水，供水箱始终保持溢流状态，待实验箱也开始溢流时，检查测压管中是否有气泡，若有气泡应设法将气泡排出，然后关闭供水开关，此时两测压管水面齐平。

4. 将供水箱提升至最高位置，待水流稳定后，量测两个测压管的水头，并用体积法测定渗流量，填入实验数据记录表7.1。

5. 依次降低水头，待水流稳定后重复上述过程，共测 10 次。

注意事项

1. 实验过程中，供水箱应始终保持溢流状态，以保证实验水头恒定。

2. 实验过程中，流量不应太大，否则砂样将会随水流向上涌，破坏均质砂。

3. 实验开始之前要将实验箱及两测压管中空气排净，保证流量为零时，两个测压管内水面齐平。

实验成果整理

1. 记录有关常数。　　　　　　　　　　　　实验装置台号 No. _____

实验圆筒内径 $D=$ _____ cm；测孔间距 $l=$ _____ cm；实验水温 $T=$ _____ ℃；

砂样有效粒径 $d=$ _____ cm，砂样孔隙率 $n=$ _____ ；

量水箱长 _____ cm，宽 _____ cm。

2. 记录数据，见实验表 7.1

实验表 7.1　　　　　　　　　　**实 验 数 据 记 录 表**

测次	测压管水头/cm		量水箱水位/cm		
	1	2	初水位	末水位	时间/s
1					
2					
3					
4					
5					

续表

测次	测压管水头/cm		量水箱水位/cm		
	1	2	初水位	末水位	时间/s
6					
7					
8					
9					
10					

3. 整理实验结果，并进行有关计算，完成实验计算表 7.2。

实验表 7.2   **实 验 计 算 表**

常数：量水箱面积 $A=$ _____ cm², 实验圆筒断面积 $A=$ _____ cm², 运动黏滞系数 $\nu=$ _____ cm²/s

测次	渗流水头损失 /cm	水力坡度 J	量水箱水位差 /cm	体积 V/cm^3	渗流量 $Q/(\text{m}^3/\text{s})$	渗透流速 $v/(\text{m}/\text{s})$	渗透系数 K	渗流雷诺数 Re
1								
2								
3								
4								
5								
6								
7								
8								
9								
10								

【实验分析与交流】

1. 达西定律的适用范围是什么？对于本实验来说，若砂样有效粒径 d 不变，则流量 Q 为多少即超出达西定律适用范围；若流量 Q 不变，则 d 等于多大时即超出达西定律适用范围？

2. 如果要通过实验确定达西定律适用范围，则该如何进行？

3. 在实验图 7.2 中，点绘流速和水力坡度之间的 $v\sim J$ 关系曲线及流量和水头损失 $Q\sim h_w$ 的关系曲线，并进行相应分析。

【实验归纳与整理】

达西定律反映了土壤中重力水的渗流规律，通过本实验学会测量土壤的渗透系数 k 的方法；测定通过砂体的渗透流量与水头损失的关系，验证达西定律；通过测定雷诺数，判定达西定律的适用范围。

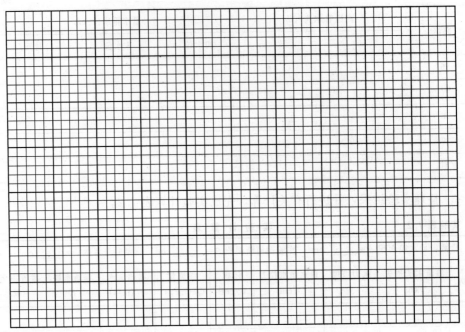

实验图 7.2　$v-J$ 关系曲线及 $Q-h_w$ 曲线图

习 题 7

7.1　判断题

1. 实际渗流的平均流速小于渗流模型的平均渗流流速。　　　　　　　　　（　　）

2. 实际渗流的流量小于渗流模型的流量。　　　　　　　　　　　　　　　（　　）

3. 达西定律的使用条件是层流渗流。　　　　　　　　　　　　　　　　　（　　）

4. 渗透系数取决于土颗粒的形状、大小、均匀程度和温度，而与流量无关。

　　　　　　　　　　　　　　　　　　　　　　　　　　　　　　　　　　（　　）

5. 潜水井汲取无压地下水，承压井从承压层中汲取承压水。　　　　　　　（　　）

7.2　简答题

1. 简述渗流简化模型的概念及与实际渗流的区别，并说明渗流流速的意义？

2. 简述达西实验的内容、达西定律及其表达式的物理含义和渗透系数的确定方法。

3. 根据达西实验的条件，说明渗流达西定律的适用范围是什么？

4. 渗透系数与哪些因素有关？

7.3　计算题

1. 用达西渗流实验装置测定某土样的渗透系数 k 值，圆筒的直径 $d=0.2\text{m}$，圆筒上相距 $L=0.4\text{ m}$ 的两测压管水面高差为 0.14 m，实测渗流量为 $Q=1.87\text{cm}^3/\text{s}$。试确定 k 值。

2. 直径 $d=1.5$ m 的圆柱形滤水器，滤水层由均匀砂组成，厚 1.5 m，渗透系数 $k=0.013$cm/s，求在水头 $H=0.6$m 的恒定流情况下，通过滤水器的渗流流量。

3. 如题图 7.1 所示，某渠道与河道平行，渠中水位高于河道水位，使河渠之间的土层产生渗流。已知不透水层的坡度 $i=0.022$，渗透系数 $k=0.005$cm/s，河渠之间的距离 $l=190$m，两端水深分别为 $h_1=1.0$m，$h_2=1.9$m。求单宽渗流量 q。

4. 在水平不透水层以上凿一普通完全井，直径为 $d=0.30$m，地下水深 $H=15$m，土壤渗透系数 $k=0.001$m/s。今用水泵抽水，井水位下降4m后达到稳定，影响半径 $R=250$m。求水泵的出水流量 Q。

5. 为了降低地下水位，在水平不透水层上设置一条长 $l=200$m 的集水廊道。如题图 7.2 所示，实测廊道水深 $h=2.6$m，距廊道边缘 $L=120$m 处地下水位开始下降，水深 $H=6.4$m。土层为细砂，渗透系数 $k=3.5\times10^{-5}$m/s。求廊道内的集水流量 Q。

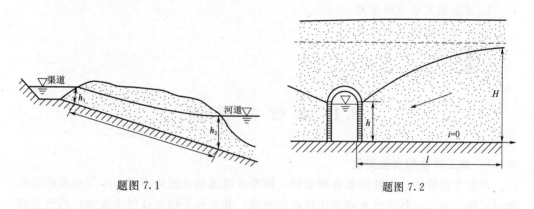

题图 7.1   题图 7.2

2. 直径 $d=1.5$ m 的圆柱在滚动水面上，露水长度为 5 米时重心此时，若 $I_c=10.4$，浪花速度为
$a=0.015$ cm/s，水 在左端为 $V=2$，水面的液面面积作为面中。期从右端水后的海绵面，
3. 测题图 2.7 ⋯

第8章 水 力 量 测 技 术

在水工试验和水工建筑物运行管理中，经常需要对水流的水位、压强、流速、流向、流量等水力要素进行观测。掌握量测仪器的使用是水工试验和水工建筑物运行管理中的基本功之一。因此，我们必须要学习水力要素的量测方法和要求。

【学习指导】

通过本章的学习，同学们能解决以下问题：

1. 学会恒定水位的量测。
2. 学会流速及流向的量测。
3. 学会流量的量测。
4. 学会压强的量测。

8.1 ⓟ

水力量测
技术

8.2 ◉

水力量测
技术测试

8.1 水 位 的 量 测

8.1.1 水工试验的水位测量

在水工试验中，经常需要量测水位。随着水流运动状态的不同，水流表面的特性也有区别。例如，静止的水或流速较小的水流，其水面平稳而且很少波动；当流速较高时，水面会起伏不定，产生紊乱而不规则的波纹，甚至会出现周期性的振荡。因此，测定水位必须根据水面的不同特点，选用合适的量测仪器和方法。

1. 恒定水位量测

当水位不随时间改变时，水位的量测比较简单，通常用以下两种方法。

（1）测压管法。在水流区的侧壁上开一个小孔，通过软管或金属管外接玻璃测压管。根据连通器原理，玻璃管内的水位应与内部水位同高。利用测压管旁的标尺，即可读出容器中的水位。为避免表面张力的影响产生读数误差，测压管的内径应大于 10mm。

（2）水位测针法。测针是水工试验中常用的水位测量设施。测针的长度一般有 40cm 和 60cm 两种，图 8.1 为测针结构示意图。测杆套管上附有最小读数为 0.1mm 的游标。使用时可以在拟测水位处固定测针支座，直接用针尖量测水位。若需要量测水面线，可

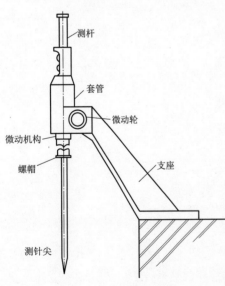

图 8.1 测针结构示意图

图中标注：测杆、套管、微动轮、微动机构、螺帽、支座、测针尖

以将测针安装在活动测架上，沿导轨来回滑动，量测出任意断面处的水位及水深。

在使用测针时，应注意：

1) 读数时测针应自上方逐渐接近水面（不应从水中提起，否则会因表面张力引起误差），当针尖刚与水面接触时，针尖的倒影与针尖正好吻合，这时进行读数较为精确。

2) 当水位有微小波动时，应多次重复量测，然后取其平均值作为该点平均水位。

3) 升降测针时，应先用手动粗调，然后进行微调，微调要使用微动轮控制。

2. 非恒定水位测量

(1) 跟踪水位计。跟踪水位计由传感器、驱动器和数字显示装置三部分组成。使用这种仪器可以实现水位同步跟踪、自动测量的目的。

跟踪水位计的传感器是两根不等长的不锈钢探针，测量时通过传动装置徐徐下降，长针先插入水中，待到短针接触水面时，仪器停止下降并记录该时刻的水位。当水面上升和下降时，短针始终跟踪水面，保持刚接触状态并记录该时刻的水位。

(2) 钽丝水位计。钽丝水位计利用电容转换原理制成，专门测量水面波动，又称浪高仪。当水面发生波动时，钽丝水位计就可以将电容的转化输出并转换为水深的变化，可以利用示波仪或者记录仪，将水位的变化过程记录下来，在使用时要注意保持水温及电压稳定。

8.1.2　水文站的水位测量

当前水文站的水位监测已普遍采用自动化测量手段，并以少量人工定期校正来保证测量的长期准确性。水位自动测量技术中，关键部件是水位传感器。目前广泛使用的水位传感器有浮子式、压力投入式、气泡式和雷达式。这些传感器具有各自的优缺点，适用于各种不同的现场环境。

8.2　流　速　的　量　测

8.2.1　表面浮子法

在水工试验室中，将重量轻且体积较小的纸屑、泡沫塑料球、软木块等放置在水流中，随水流漂移，每经过一定时间间隔，连续测记浮子的位置。这样就可以算出浮子所经过的区域的水流流速，计算公式为 $u = L/t$。在流态不很复杂的情况下，有时也可以采用确定上下游断面位置，通过测定浮标流经的时间来确定流速，但要注意取多次平均值。

水文站在天然河道用浮标测量流速时，浮标采用泡沫塑料太轻需加配重，并刷红漆产生醒目颜色，便于观察，晚上测速时，发光灯泡会增加浮标高度。因此，在天然条件下采用表面浮子法测流速时，应考虑各种因素影响。

8.2.2　毕托管法

毕托管是水力试验中量测"点"流速的常规仪器，实物如图 8.2 (a) 所示。常用的是外径为 8mm，柄长为 40～60cm 的毕托管。当测量较高流速时，需要用外径为 2.5mm 的小毕托管。

毕托管测速公式为

$$u = \psi \sqrt{2gh} \qquad\qquad (8.1)$$

式中 ψ——流速系数,与毕托管的粗细、形状及加工工艺有关,ψ 值需通过实验率定,一般约接近于 1.00。

结构原理如图 8.2(b)所示,由图可以看出这种毕托管是由两根空心细管组成,分别为总压管和测压管。量测流速时使总压管下端出口方向正对水流流速方向,测压管下端出口方向与流速垂直。在两细管上端用橡皮管分别与压差计的两根玻璃管相连接。

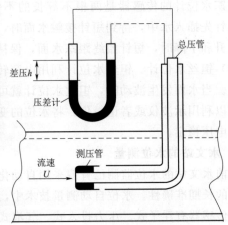

(a)毕托管实物   (b)毕托管原理

图 8.2 毕托管

用毕托管测流速时需注意以下两点:

(1)必须首先将毕托管及橡皮管内的空气完全排出,然后将毕托管的下端放入水流中,并使总压管的进口正对测点处的流速方向。

(2)充水后的毕托管切勿露出水面,以免进气;毕托管应正对水流方向;明渠中毕托管的测速范围为 0.15~2.0m/s,在有压管道中采用柱形毕托管,测速范围可扩大为 0.15~6.0m/s;当流速小于 0.15m/s 时,用毕托管测量流速的结果误差较大。为了提高量测精度,可将压差计的玻璃管倾斜放置。

8.2.3 旋桨流速仪

旋桨流速仪是在特制的支杆上安装一个叶轮旋桨,受水流冲击后叶片可以旋转,叶片转数与水流速度有固定的关系,如图 8.3(a)所示。实验室内常用的是小型光电式旋桨流速仪,其构造如图 8.3(b)所示。

光电式旋桨流速仪适用的测速范围为 5~60cm/s,它不受水温、水质的影响,可以自动监测和显示流速。在使用时要注意将旋桨轴正对水流方向。

近年来,激光测速仪、ADV 多普勒超声测速仪由于可以进行三维流速的精确测量，对流场干扰小，已开始应用于试验和工程测量。

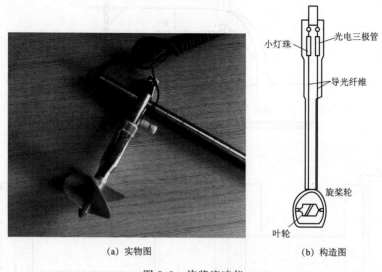

小灯珠　光电三极管

导光纤维

旋桨轮

叶轮

(a) 实物图　　　　　　　(b) 构造图

图 8.3　旋桨流速仪

8.2.4　流向的量测

流向的量测是先在拟测的流场内施放可以显示流向的指示剂，然后采用适当的方法测定由指示剂所显示的流场流向。

表面指示剂可用比水轻的小纸花、木屑或泡沫塑料屑等浮子，也可施放铝粉等发光粒子。水中指示剂则可用高锰酸钾溶液，也可以将挂在立杆上的色线放入水中以指示流向。要测水底流向时，可用重木屑、石蜡球或高锰酸钾颗粒作指示剂。流向测定的方法有两种：

（1）测绘法。在试验区域，事先做出便于确定位置的坐标网格。试验时，在欲测流向的范围内施放指示剂，根据指示剂所形成的流动轨迹测记流场图景（流线）。一般要注意测记主流的位置、走向，回流区的范围、位置。作流线上各点的切线即为该点的流向。

（2）摄影法。利用浮标摄影（录像）得到的流场图景（流线），分析确定流场各区域流向，各点流向。

8.3　流 量 的 量 测

8.3.1　明渠流量的量测

量水堰的堰上水深与过堰流量间存在一定关系，可以通过测量堰顶水头 H 而求得流量。实验室内常用薄壁堰测量明渠的流量，如图 8.4（a）所示。其形状有矩形薄壁量水堰和直角三角形薄壁堰如图 8.4（b）、（c）所示。

1. 矩形薄壁堰

矩形薄壁堰测流量公式为　　　$Q = m_0 b \sqrt{2g} H^{3/2}$　　　　　　　　　　（8.2）

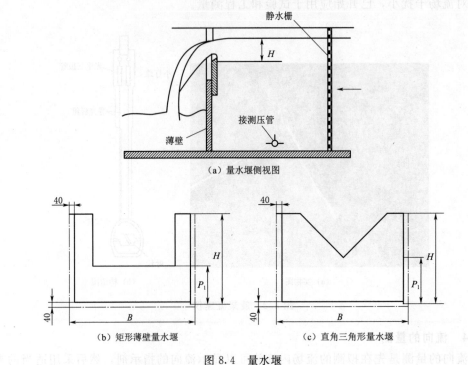

（a）量水堰侧视图

（b）矩形薄壁量水堰　　　　　　（c）直角三角形量水堰

图 8.4　量水堰

矩形量水堰的布置应注意下列事项：

（1）堰高及堰宽的选择，应根据实验流量确定。以过最小流量时堰顶水头不小于 3cm 为条件选择堰宽；然后以过最大流量时堰高不小于 2 倍堰顶水头 H 来选定堰高。

（2）堰壁与引槽水流方向正交。引槽必须等宽，堰板直立，堰顶水平，堰顶为锐缘（厚度不大于 1mm），其斜角与堰背成 30°。

（3）量水堰水舌下缘设置通气孔，保证水舌无贴壁溢流现象。堰下游水位与堰顶高差不小于 7cm。量水堰上游，堰顶比最高水位高 20～40cm。

（4）堰前水流应平稳无波动。引槽前部设静水栅，位置距堰板大于 $10H_{max}$。

（5）堰顶水位测针装置于堰前（3～4）H_{max} 处，堰板用铜板或不锈钢板制作。

2. 直角三角形薄壁堰

直角三角形薄壁堰流量公式为

$$Q = 1.4H^{2.5} \tag{8.3}$$

直角三角形薄壁堰安装要求：

（1）直角三角形薄壁堰应安装在水渠的直线段。

（2）在安装直角三角形薄壁堰的位置，水渠两边及底部各预留深 6cm、宽 2cm 的安装槽。

（3）把直角三角形薄壁堰按要求插入安装槽，并使堰板垂直于水流方向，堰顶保持水平，堰壁必须铅直。

（4）用沥青或其他止水材料填充安装槽，确保安装槽与堰板之间不渗水。

8.3.2 有压管路的流量量测

在有压输水管道中，其流量测量方法有多种类型，现介绍如下。

1. 文丘里流量计

文丘里流量计是用于测量管道流量的装置，它由收缩段、喉管、扩散段三部分组成。在收缩管进口和喉管分别设测压管或 U 型水银测压计，如图 8.5 所示，把文丘里流量计连接在管道中，根据测压管的高差，可以计算管道内的流量，其流量公式为

$$Q = \mu K \sqrt{\Delta h} \tag{8.4}$$

其中，$K = \dfrac{\pi d_1^2}{4} \sqrt{\dfrac{2g}{\left(\dfrac{d_1^2}{d_2^2}\right)^4 - 1}}$

式中　K——文丘里流量计系数；

　　　Δh——测压管水头差；

　　　μ——文丘里管流量系数。当文丘里管喉管处的雷诺数 $Re > 2 \times 10^5$ 时，$\mu = 0.984$，一般常取 $\mu = 0.975$。

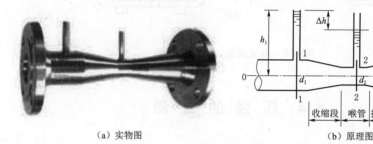

（a）实物图　　　　　　　（b）原理图

图 8.5　文丘里流量计

在安装文丘里管时，其上游 10 倍管径、下游 6 倍管径的范围内均不得有转弯或其他管件，以免水流产生漩涡，影响其流量系数。文丘里流量计测流量的误差一般为 ±1%，精度高。但流量测量范围小，难于满足流量变化幅度大的流量测量，最大流量与最小流量比值一般在 3~5 之间。

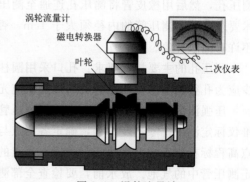

图 8.6　涡轮流量计

2. 涡轮流量计

如图 8.6 所示，这是一种转轮式的流量计，由涡轮流量变送器和显示仪两部分组成。变送器安装在管道中，管中涡轮旋转的速度与水流速度成正比。根据脉冲信号频率与流量的关系，在显示仪上可得到管道中通过的流量。安装流量变送器时，要求上游有 20~50 倍管径、下游有 10 倍管径的直管段，测流误差在 1% 左右。

涡轮很容易被流体内的固体东西卡住，使叶片转动不顺畅而影响精度。叶轮必须经常更换，因叶轮内的石墨长久转动而磨损。

3. 电磁流量计

电磁流量计是一种流量电测仪器。它由电磁流量传感器和电磁流量转换器两部分组成，用于测量封闭管道中导电液体的流量，如图 8.7 所示。电磁流量有分体型和一体型两类，可以根据实际需求选用。它的特点是测量管内无阻碍流动的部件，测量范围宽，量测精确度高。电磁流量计也要求流量传感器的前、后分别有 20 倍和 10 倍管径的直管段。

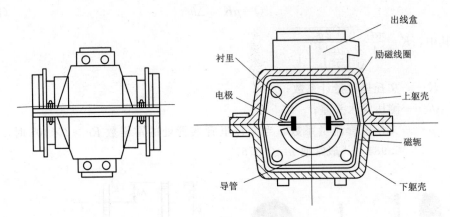

出线盒

励磁线圈

衬里

电极

上躯壳

磁轭

导管

下躯壳

图 8.7　电磁流量计结构示意图

8.4　压强的量测

8.4.1　测压管

它是水力试验中测量水流压强的常用仪器。施测时，在需要测量压强的边壁上开测压孔，然后用橡皮管将测压孔连通至测压管或比压计中进行测读。测压管的主要技术要求：玻璃测压管的内径须大于 1cm，否则易受毛细管影响；测压管身保持直立，不许有漏水现象。

测压孔的主要技术要求：孔口采用圆柱形，内孔壁平滑；孔口垂直边壁，孔深至少应为孔径的两倍；孔面与其周围边壁应光滑平顺。

压强测量步骤：①试验前，根据测压管及测压孔的要求进行详细的检查。②用水准仪标定测压排零刻度高程，确定各测点与测压排零刻度间的高程关系。可以把各测点高程标在测压排上，便于直接读取测点的压强。③从玻璃测压管顶端灌水排气，驱走测压管中的气泡。放水前，要检查全部测压系统是否排气干净，以保证测压排上各测压管液面齐平。④试验中应在流动达到稳定后，记录测压管中的水面高程读数，即为该测点的压强，其值可能为正、也可能为负，表示该点压强的正或负。⑤将各测点压力值整理列表，便于进行分析。

在水利工程监测中，常用测压管测量坝体、河道堤防的渗透压力，为堤坝安全运行提供有效科学依据。它依靠测压管中水柱高度来表示渗透压力大小。测压管安装时，应预防进水管堵塞，让测压管失去应有的功能。

8.4.2 压力表

实际管道中的水压很高，普通测压管无法测读，这时宜采用压力表进行测量。这类仪表利用弹性元件受压变形的特性来测量压强。也有采用压力传感器来测量压力脉动。常见的有弹簧压力表和管环式压力表，都是用来测量管道中的水压力，如图 8.8 所示。

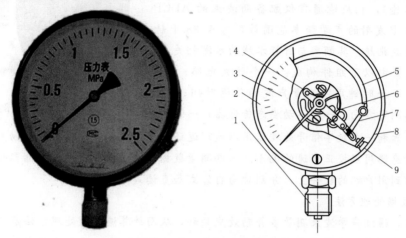

图 8.8　压力表结构示意图

1—接头；2—衬圈；3—度盘；4—指针；5—弹簧；
6—传动机构（机芯）；7—连杆；8—表壳；9—调零装置

压力有两种表示方法：一种是以绝对真空作为基准所表示的压力，称为绝对压力；另一种是以大气压力作为基准所表示的压力，称为相对压力。由于大多数测压仪表所测得的压力都是相对压力，故相对压力也称表压力。当绝对压力小于大气压力时，可用容器内的绝对压力不足一个大气压的数值来表示，称为"真空度"。它们的关系如下：

$$绝对压力＝大气压力＋相对压力$$
$$真空度＝大气压力－绝对压力$$

中国法定的压力单位为 Pa（N/m^2），称为帕斯卡，简称帕。由于此单位太小，因此常采用它的 10^6 倍单位 MPa（兆帕）。

阅读材料

测速新技术——声学多普勒流速剖面仪

声学多普勒流速剖面仪（英语：Acoustic Doppler Current Profiler，缩写：AD-CP）是一种用于测量水速的水声学流速计（图 8.9）。其原理类似于声呐：ADCP 向水中发射声波，水中的散射体使声波产生散射；ADCP 接收散射体返还的回波信号，通过分析其多普勒效应频移以计算流速。

1. 工作原理

ADCP 内的关键部件是压电效应换能器，用以发射和接收声学信号。测量声波的往返时间，将其乘以水中声速即可粗略计算出散射体的距离；测量声波的多普勒效应频移，则能计算出散射体在该声束方向上的速度分量。因此，要测量速度三向量，需要至少三个换能器来产生三个不同方向的声束。而在河流测速中，由于目标数据通常只含两个速度向量（忽略垂直于河岸的水速），相应地通常仅配备两波束的ADCP。不同ADCP发射的声学频率范围最低可至38千赫，最高则达数兆赫，其频率与目标水域的水深相关。

图8.9 声学多普勒流速剖面仪

ADCP由以下组件构成：一个放大电路；一个接收器；一个时钟用以测量声波的往返时间；一个罗经用以测定方向；一个运动姿态传感器；一个模拟数字转换器和一个数字信号处理器用以处理返还的声学信号并分析其多普勒频移；一个温度传感器用以校正声速的偏差。这些测量数据可以存储在内置的存储器中，也可实时输出到用户端的软件上，分别称为自容式和直读式。

2. 数据处理方法

目前，通过声学波束测量多普勒效应频移，从而计算流速的处理方法有三种。第一种是仅使用单个长脉冲的"脉冲不相干"，即"窄带"法。该方法时空分辨率、测量精度较低。第二种是使用多个编码脉冲序列的"宽带"法，在测量精度、时空分辨率、盲区大小和适应性等性能上全面优于"窄带"。第三种是利用一对相干的短脉冲的"脉冲相干"法。这是一种局限性较大的处理方法，仅适用于极短的剖面测量过程，但其时空分辨率有极大提高。

3. 安装

按安装方向区分，ADCP又可分为河岸固定式（若安装在船体侧面，则称为船舷式）、船底式和坐底式，分别指侧向、朝下和朝上安装。安装在水域底部的坐底式ADCP和安装在船底的船底式ADCP，以均匀的深度间隔测量纵向剖面的流速与流向；安装在河岸、墙体及桥墩等固定位置的河岸固定式ADCP，则侧向测量岸与岸之间的剖面流速（图8.10）。

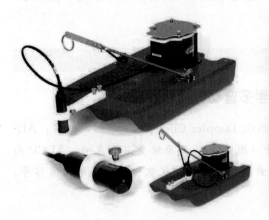

（a）组成

（b）安装方式

图8.10 声学多普勒流速剖面仪安装

4. 应用

（1）底跟踪。由于 ADCP 测量的是水体相对于 ADCP 的流速，船底式的 ADCP 测量得到的流速实际上是船速与实际流速之和。而船速的测量可通过底跟踪功能实现。底跟踪功能，指当 ADCP 采取船底式安装方法时，利用水底的回波测量水底相对于 ADCP 的运动速度。底跟踪分为两个步骤：首先通过回波确定水底的位置；再将该位置作为测量标准，调整参数，进而计算出自身的运动速度。由底跟踪的原理可知，该功能要求声束能到达水底并再次返回 ADCP，因此仅在一定水深范围内有效。在底跟踪功能无效的深水域，船速需通过 GPS、陀螺仪等部件得到的速度、方向数据来计算得出。

（2）测流。ADCP 亦可用于河流流量的测量。进行流量测量需要一台具备底跟踪功能的 ADCP 和一个能搭载 ADCP（类似于船舷式）进行水域跨越的载体。将其从一岸渡至彼岸，便可通过深度与速度数据估算出载体运动轨迹到水底的剖面面积；将向量轨迹和流速进行点积，计算得到流量。比起传统的测深杆—单点流速仪计算测流方法，提高了数据准确度，省时省力（图 8.11）。

图 8.11　声学多普勒流速剖面仪测流

习　题　8

8.1　填空题

1. 水位的测量方法有_____。

2. 流速的测量方法有_____。

3. 流量的测量方法有_____。

4. 压强的测量方法有_____。

8.2　简答题

1. 简述水位、流速流向、流量和压强常规的测量方法及设备。

2. 文丘里流量计的安装要求是什么？

3. 直角三角形薄壁堰安装要求是什么？

参 考 文 献

［1］ 李国庆．水力学 ［M］．2 版．北京：中央广播电视大学出版社，2006．

［2］ 张小兵．水力学 ［M］．北京：中国水利水电出版社，2004．

［3］ 李序量．水力学 ［M］．北京：中国水利水电出版社，1991．

［4］ 杨艳，陈一华．水力分析与计算 ［M］．北京：中国水利水电出版社，2016．

［5］ 张志昌．水力学习题解析 ［M］．北京：中国水利水电出版社，2012．

［6］ 张耀先，夏于廉．水力学水文学 ［M］．南京：河海大学出版社，1995．

［7］ 陈艳霞，高建勇，钱波．水力学实验 ［M］．北京：中国水利水电出版社，2012．

［8］ 谷峡．排水工程 ［M］．2 版．北京：中国建筑工业出版社，1996．

［9］ 范柳先．建筑给水排水工程 ［M］．北京：中国建筑工业出版社，2003．

［10］ 耿鸿江．工程水文基础 ［M］．北京：中国水利水电出版社，2003．

［11］ 卢灿华．物理 ［M］．北京：高等教育出版社，2001．

［12］ 严煦世，范瑾初．给水工程 ［M］．4 版．北京：中国建筑工业出版社，1999．